Despedirse de la vida ayunando – Una guía

Boudewijn Chabot M.D. PhD

Despedirse de la vida ayunando
Una guía

Asumiendo el control de su muerte
dejando de comer y beber

Traducción de: María Mercedes Moreno y Paula Gutiérrez Sanjuán

ISBN/EAN 978-1-387-32235-0

Diseño gráfico: Gerrit Vroon, Arnhem

Portada:
Una Quiroga, terracotta, Santa Maria ± 1000 - 1480
Museo Etnográfico, Universidad de Buenos Aires

Índice

Prólogo del Dr. Stuart Youngner M.D.*

En su estudio emblemático publicado en *Social Science & Medicine* en el 2009, el Dr. Chabot documentó la práctica ampliamente difundida en los Países Bajos de la muerte autoadministrada. Es poco probable que la situación sea muy distinta en otras sociedades acomodadas e industrializadas. Es importante reconocer que dejar de comer y beber cuando ya la vida está en sus últimos días no es algo tan fuera de lo común. Es una práctica que data de los tiempos más remotos.

En esta ocasión, Chabot proporciona una amplia e investigada guía dirigida a personas muy ancianas o muy enfermas sobre cómo agilizar la propia muerte dejando de comer y beber. El tema, como él mismo dice, es "sombrío", pero las decisiones cuando llegamos al final de nuestros días nunca son placenteras. Requieren planificación y, necesariamente, implican la ayuda de quienes proporcionarán los cuidados y de los profesionales de la salud. Chabot traza las problemáticas clínicas y sociales de forma clara y exhaustiva. A pesar de que posiblemente no sea una lectura fácil, es un manual de consulta importante para toda aquella persona que esté pensando en tomar las riendas del proceso que llevará sus días a su fin.

*Stuart J. Youngner, Profesor de Bioética, Profesor de Psiquiatría, Profesor de Medicina y Jefe del Departamento de Bioética en la Case Western Reserve University School of Medicine.

Prólogo del Dr. Arsène Mullie**

El Dr. Boudewijn** Chabot es un médico holandés que encuentra su inspiración cuidando su jardín en la campiña flamenca. Su consigna, "en definitiva, nunca defraudar a un paciente", no es sólo una teoría sino también su práctica. Chabot es un psiquiatra existencialista con inclinaciones filosóficas. No prejuzga lo que significa un buen morir para su paciente sino que aclara las opciones que se le presentan a una persona que afronta la muerte. A principios de 1990, este postulado básico lo convirtió en un integrante bienvenido de nuestro equipo del noreste de Flandes en los años pioneros del movimiento de cuidados paliativos. Gracias a él, se pudo poner coto al "ensañamiento terapéutico y paliativo".

Chabot está al origen del movimiento holandés por un buen morir, en el sentido original del 'eu-thanatos' griego. Él va por su camino, sin dejarse impresionar por la ideología del movimiento por el derecho a morir. Como es su costumbre, hace énfasis en cómo el mejor cuidado paliativo posible es un prerrequisito para un "buen morir". La presión ejercida sobre los médicos a los que se les pide practicar la eutanasia le incomoda; razón por la que introdujo la idea de despedirse de la vida dejando de comer y beber voluntariamente. En una época en la que la gente se encuentra encandilada por el revuelo alrededor de la eutanasia, Chabot conduce a los médicos y al público por nuevos caminos: el paciente puede asumir la responsabilidad de agilizar su propia muerte con el apoyo paliativo de un médico.

Yo espero que los lectores de este libro no se desalienten ante la crudeza práctica a la que da pie la discusión sobre la autogestión de la propia muerte; un reflejo de desánimo que yo mismo he tenido a veces. Espero que, más bien, se vean enriquecidos por los principios básicos de Chabot. Yo personalmente me siento cálidamente predispuesto hacia Chabot y su libro, y tengo la expectativa de que tendrá la amplia acogida que se merece.

**Dr. Arsène Mullie MD, antiguo presidente de la Federación Paliativa Flamenca.

Prefacio

Desde los tiempos más remotos, las personas muy enfermas o muy ancianas han optado por despedirse de la vida dejando de comer y disminuyendo su consumo de líquidos. Esta 'salida de emergencia' requería de mucha fuerza de voluntad para enfrentar la sed y el miedo que la acompañan. Los movimientos de cuidados paliativos y hospitalarios nos han aportado los conocimientos y métodos especializados para aliviar estas incomodidades. Actualmente, las personas desahuciadas que gozan del cuidado cotidiano por parte de sus parientes, amigos y personal de enfermería especializado en cuidados paliativos pueden acceder a una muerte compasiva si así lo desean. Permítanme enfatizar que es imprescindible contar con los últimos desarrollos en materia de cuidados paliativos a fin de que recibamos la mejor atención posible al final de nuestras vidas, hayamos optado o no por anticipar el paso. Infortunadamente, la mayoría de las personas no son conscientes de que, una vez que ya no tienen dudas sobre su anhelo de muerte, esta salida es una opción moralmente legítima y legal.

Las escuelas de medicina no enseñan a sus alumnos los cuidados paliativos que deben proporcionar a las personas que adelantan su fallecimiento por la vía del ayuno. A este proceso se le denomina "Despedirse de la vida ayunando" (DVA) o, simplemente, "Dejar de Comer y Beber" o "Rechazo Voluntario de Alimentos y Líquidos". En este libro utilizaremos el término DVA, que por ser éste el que más coloquialmente designa este camino. El proceso de negarse voluntariamente a ingerir alimentos y líquidos para agilizar la propia muerte sigue siendo terreno desconocido para los médicos, a quienes se les ha enseñado a luchar contra la sed por medio de alimentación e hidratación artificiales. Ése es el esquema de cuidados comúnmente aceptado que permite prolongar, durante meses e incluso años, la vida de aquellas personas que ya van camino de la muerte.

Lo desconocido siempre genera temor; temor que refuerza el prejuicio de que la muerte que sobreviene dejando de comer y beber no es una muerte digna. Al referirse a este proceso como "matarse de hambre", la sociedad está obstruyendo esta posibilidad de una muerte natural y de que se conozcan mejor las modalidades a través de las cuales se puede contribuir a hacerla más llevadera. Este libro fue escrito con el objetivo de combatir la ignorancia sobre la muerte voluntaria por ayuno (DVA); ante todo para los profanos en la materia, aquellos pacientes y parientes deseosos de valorar esta opción con sus médicos (Primera Parte).

Para que estas discusiones se den, el libro también debe remediar el desconocimiento que prevalece entre los médicos (Segunda Parte). Es posible, por ejemplo, que algunos médicos ignoren que cuando se deja de ingerir alimentos durante un periodo prolongado el cuerpo mismo produce sustancias que alivian la sensación de hambre y sed. Un resumen de las investigaciones deja claro que hay argumentos fisiológicos y clínicos para que este proceso de ayuno hacia la muerte sea tolerable.

Me gustaría asimismo abordar algunos aspectos éticos como, por ejemplo, la diferencia fundamental que hay entre abstenerse de comer y beber con la ayuda de los seres queridos y el acto de suicidarse por ahorcamiento o de un disparo. Si su deseo es morir, el ayuno es el único camino hacia una muerte natural rodeado por sus seres queridos sin dar pie a una investigación policíaca ni colocar a sus parientes en una situación en la que se vean obligados a guardar el secreto.

El objetivo de este libro es facilitar e incentivar un intercambio informado entre los pacientes que se acercan al final de sus días y aquellos médicos, personal de enfermería y parientes que entran a compartir un proceso voluntario de muerte anticipada por ayuno. Algunas preguntas que deben prever los médicos por parte de una persona que esté sopesando esta decisión son: ¿Qué hará usted si rehúso comer y beber para acelerar mi fallecimiento? ¿Tiene usted experiencia en los cuidados paliativos que se requieren a este fin? ¿Podemos (mis hijos y yo) contar con su disponibilidad telefónica para consultas?

He presentado una parte de la información más práctica en forma de resumen en el Tercer Capítulo. No obstante, estos resúmenes no bastan para comprender la variedad de formas en las que las personas que están muriendo, al igual que quienes las rodean, experimentan la muerte por ayuno. Para dar luz sobre cómo las personas manejan de forma adecuada (o no) los problemas que pueden surgir, he incluido algunas historias de vida intercaladas entre los capítulos (sobre un trasfondo gris) en forma de 'Intermezzos'. Esos estudios de casos ilustran por qué algunas personas optan por este camino y cuáles son los factores que determinan si es una muerte "buena" o "mala".

Mi expectativa es contribuir a la paz interior de aquellas personas que están ya muy entradas en años o muy enfermas y están inquebrantablemente decididas a morir, aun tras haberlo discutido con sus seres queridos. Esta tranquilidad llegará fruto del conocimiento de que, con sólo dejar de comer y beber, ellos mismos pueden asumir el control de un proceso tan íntimo como es su propia muerte. Sus seres queridos, bajo la supervisión de una enfermera experimentada, pueden suministrarle el cuidado bucal que se requiere para que el proceso sea llevadero. A través de los siglos, los ancianos y enfermos en todo el mundo han emprendido este camino en silencio. Solamente ahora, gracias a los conocimientos adquiridos, podemos lograr que este tránsito se logre además de forma apacible y con dignidad.

* Se han añadido apuntes que hacen referencia a esto en las notas de pie de página. ¿?

PRIMERA PARTE

Cómo los muy ancianos y muy enfermos
pueden dejar de comer y beber
bajo el cuidado de sus seres queridos

Hacia una muerte autogestionada*

¿Un tema sombrío?

A medida que envejecen, muchas personas comienzan a preocuparse por cómo sería permanecer con vida con la necesidad de que alguien tenga que cuidarlos todo el tiempo; viendo cómo los amigos desaparecen uno tras otro; cómo el futuro va menguando; y cómo el cansancio hace sentir que las visitas se alargan demasiado. ¿Qué se siente cuando se está viviendo en un hogar geriátrico en el que incluso la decisión sobre la hora de acostarse está fuera de su control? ¿Cómo se vive cuando se están sufriendo todas las penas y dolores de la vejez sintiendo que se le va la vitalidad y enfrentado a la perspectiva de tener que permanecer en cama 24 horas al día todos los días? ¿Qué prevalece: el temor a la muerte o el deseo de morir?

Los ancianos en ocasiones se preguntan si pueden estar seguros de que su muerte será serena. "¿Tendré que pasar años de mi vida dependiendo de los cuidados de otras personas antes de que me dejen morir? ¿Estaré pendiente de recibir una visita cuando ya no pueda siquiera leer o ver la televisión? ¿Existe alguna forma para que yo pueda asumir el control?".

Este libro trata un tema que para muchos es sombrío: prepararse, con la ayuda de los seres queridos, para morir apaciblemente. Incluso cuando la decisión de buscar una muerte serena está tomada, sigue siendo incómodo hablar del tema, hacer los preparativos y elaborar los pasos concretos a seguir.

Muchas personas tienen la convicción de que no quieren terminar sus días en un hogar para ancianos. Tampoco quieren someter a sus seres queridos al sufrimiento y suplicio de un suicidio violento o macabro. Algunos logran encontrar su propio camino hacia lo que consideran un 'buen morir': falleciendo tranquilamente en sus propias camas rodeados por las personas que les son cercanas y amadas.

El libro versa sobre cómo uno mismo puede asumir el control sobre el momento y lugar de su propia muerte. La propositiva generación del 'baby boom' con su énfasis en el empoderamiento, aportó un enfoque radicalmente nuevo frente a la muerte. Este enfoque no deja de tener sus bemoles; inconvenientes que discutiré brevemente en esta introducción. No obstante, lo que se observa es que el creciente deseo de las personas que se acercan al final de sus vidas de asumir el control de su propia muerte llegó para quedarse.

Tomando las riendas

Hoy en día, el derecho a morir "con dignidad" es una noción reconocida. Las personas que creen en la autonomía y autodeterminación pueden sentirse dueñas de su propio destino en otros aspectos de sus vidas y pueden considerar que estos principios también deben aplicarse en lo que tiene que ver con el final de sus días. Muchos países exaltan las libertades fundamentales en sus constituciones. No obstante, cuando se trata de la muerte, todas las sociedades parecen discrepar sobre el grado de autonomía y autodeterminación al que el individuo debería tener derecho.

En la práctica, el significado de autonomía se relaciona íntimamente con las ideas prevalecientes sobre una "buena muerte". Una persona puede considerar que el buen morir significa haber vivido el máximo tiempo posible mientras que otra puede pensar que quiere decir el hecho de morir cuando todavía se está en pleno uso de todas sus facultades. La disparidades son enormes entre los que opinan que una muerte buena es aquélla que se da cuando uno así lo desea y los que creen que es la que sobreviene cuándo llega el llamado de Dios. Hay otros puntos de divergencia. ¿El "buen morir" es aquél que se da en el propio hogar o en una institución? ¿De cuánto disponen sus seres queridos para los preparativos de los cuidados requeridos y para podérselos proporcionar? ¿La dependencia y el sufrimiento son experiencias valiosas?

Cuando se trata de una persona anciana que proyecta su propia muerte, hay quienes pintan una imagen negra enfatizando el hecho de que incluso la autonomía puede ser manipulada. Señalan que lo que algunos definen como una decisión personal, una elección libre, es algo que se ve parcialmente determinado por creencias compartidas, como por ejemplo sobre lo que es la muerte, sobre el propósito de la vida y frente a las obligaciones que tienen las personas con sus semejantes. Algunos cambios sociales podrían eventualmente dar pie a la idea de que hay un 'tiempo para morir'.[1] Tomemos por ejemplo la creciente tendencia a confinar a las personas de avanzada edad en hogares geriátricos, a lo que se suma el alza en los costes de estos cuidados institucionales y la pérdida del rol social de nuestros mayores.[2] Bajo estas circunstancias, poner uno mismo fin a sus días puede llegar a considerarse como una alternativa razonable e incluso heroica frente a la perspectiva de una enfermedad larga y desgastante.

¿Bien o mal morir?

La concepción de una muerte buena o una muerte mala no se ve condicionada únicamente por la sociedad en la que se vive. Los antropólogos e historiadores han estudiado las ideas compartidas sobre el buen morir en una variedad de sociedades. Han llegado a la conclusión de que algunas de las ideas sobre lo que constituye una muerte buena parecen ser casi universales. De sus estudios surgen tres características clave:[3]

Una buena muerte significa
– morir al final de una larga vida;
– sin violencia (contrario al caso de un suicidio por ahorcamiento o saltando de un edificio o puente) por enfermedad o vejez; y
– en casa rodeado por sus seres queridos.

Un mal morir, por otro lado, es aquel que se presenta de manera prematura o violenta. También significa morir solo o rodeado por desconocidos, como suele suceder en un hospital u hogar geriátrico.

Estas valoraciones se encuentran ancladas en la condición humana y me ayudan a distinguir entre el suicidio, un acto devastador para la familia y los amigos, y formas de lograr una muerte compasiva que uno mismo dirige. En este segundo caso, las personas muy entradas en años o muy enfermas asumen las riendas de su propia muerte, rodeadas por quienes bien los aman sin requerir de ellos una ayuda que pudiese ser calificada de acto delictivo.

Para mí, "tomar las riendas" significa que la persona asume la responsabilidad de planificar y organizar los preparativos con la ayuda de algunos de sus seres queridos si se encuentra demasiado debilitada como para preparar sola lo que va a necesitar.

Dos caminos diferentes

Se han trazado dos rutas diferentes para permitir a los ancianos asumir el control y programar un buen morir cuando ya se acerque el fin de sus días. El mejor método conocido para una muerte elegida por uno mismo que sea humana es por medio de la medicación: ingerir un medicamento letal, en combinación con somníferos que primero lo pongan en estado comatoso. Morir de esta manera requiere una mezcla de pastillas pulverizadas o un vaso liquido de pentobarbital.[4] Estos medicamentos no se consiguen sin receta médica y, sin ella, son difíciles de conseguir.

Si la familia y los amigos tienen la suficiente valentía y compasión como para no permitir a su ser querido morir solo, deben estar preparados para seguir a su lado hasta que sobrevenga la muerte. Aunque la muerte puede sobrevenir en sólo unas pocas horas, a veces puede tardar 24 horas o más. Dependiendo de dónde viva, si opta por el *método por medicación*, es posible que la policía haga preguntas. Querrá saber si el difunto actuó por su propia voluntad y si recibió cualquier ayuda que pudiese considerarse ilegal.

Este libro se enfoca exclusivamente sobre un segundo método, la precipitación de la muerte por ayuno (DVA). Este método ofrece una salida de emergencia para las personas muy entradas en años o muy enfermas con una enfermedad terminal o crónica avanzada. Algunas de estas personas ponen fin a sus vidas *dejando deliberadamente de comer y beber* sin ayuda médica. Lo hacen con el objetivo de apurar, bajo supervisión paliativa, una muerte que igual les llegaría en cuestión de meses o años como resultado de una grave enfermedad o por su avanzada edad.

Este libro no discute la sedación terminal o la muerte asistida por un médico con medicación letal.[5] No estoy de acuerdo con algunos autores que sostienen que la muerte voluntaria por ayuno (DVA) forma parte del espectro de opciones de muertes asistidas por un médico.[6] Eso implicaría desacertadamente medicalizar (colocar bajo control médico) la que es una muerte natural y una opción a la que las personas han recurrido desde los tiempos más remotos. En mi experiencia, en ocasiones es de menos ayuda un médico que una enfermera paliativa entrenada.

Hay una difundida concepción errada que sostiene que la muerte por ayuno es prolongada y desgarradora. Con los adecuados cuidados paliativos, cualquier persona que se encuentre gravemente enferma o debilitada por la edad y que deliberadamente rehúse alimentarse e ingerir líquidos, entrará en un estado somnoliento y fallecerá apaciblemente alrededor de una semana o 15 días después.

Un buen cuidado paliativo da a todos los concernidos la posibilidad de despedirse con toda la intensidad que pueden estar sintiendo. Contra lo que creen muchas personas, proporcionar cuidados paliativos a una persona que renuncia a comer y beber no es un delito. Por el contrario, el acto de morir dejando de comer y beber es una muerte natural, y legal en aquellos países en los que las Instrucciones Previas –un documento en el cual se puede dejar orden escrita o verbal de que no le mantengan la vida artificialmente son de obligatorio cumplimiento por el personal médico y de enfermería. La ventaja de DVA sobre los métodos medicalizados (bajo control de un médico) es que el paciente puede detener el proceso en el momento que lo desee simplemente pidiendo agua.

Betty: una muerte en casa con el cuidado de sus seres queridos

Este estudio de caso está basado en varias entrevistas con el médico y la hija de Betty.

Permítanme presentar el caso de Betty para ilustrar las fases inicial, intermedia y final del proceso de dejar de comer y beber. A la edad de 86 años y en buena salud, Betty, quien había enviudado hacía doce años, mantenía una buena relación con sus hijos, que le brindaban su apoyo. Llevaba una vida independiente y disfrutaba de una serie de actividades con sus numerosas amistades. Su hija la describe como una mujer fuerte, cariñosa, considerada con los demás y emocionalmente estable. Betty sufría de una leve hipertensión arterial y de la aparición de diabetes tardía que se mantenía perfectamente bajo control con medicamentos en forma de pastillas.

Un día sufrió un infarto cerebral leve del cual se recuperó bien pero que le dejó el temor de que otro infarto la pudiese obligar a irse a vivir a una unidad de cuidados. Su médico la describe como una persona mayor muy activa y decidida a mantener las riendas de su vida, incluso en lo que se refería a la forma como deseaba que terminase. No tenía miedo de morir a causa de un accidente cerebrovascular, pero le preocupaba que el infarto leve que sufrió fuese el precursor de una parálisis con la consecuente pérdida del habla (afasia). Vivir en condición de inválida en un hogar geriátrico significaría el fin de su existencia independiente, que para ella representaba la esencia misma de la persona que había llegado a ser y que quería continuar siendo. Más aún, ella consideraba que había vivido una vida plena y que su hora había llegado.

Betty discutió extensamente con su médico la opción de emprender el proceso de DVA. El médico consideró que ella tenía la competencia necesaria para tomar esta decisión. Betty no comentó a sus hijos su intención de emprender este camino hacia el fin de sus días. Poco después de la consulta con su médico, anunció que ya no quería salir de la cama. El médico vino y le prescribió el somnífero *temazepam*, por si acaso lo llegaba a necesitar.

Fase inicial: Betty sorprendió a su hija negándose a comer. Lo hizo restándole importancia, diciendo: "Tu papá me dijo que no necesito preocuparme por comer, que allá arriba me darán algo". Ella no permitiría que se discutiera su decisión.

El médico le dijo a la hija: "Continúe ofreciéndole alimentos y líquidos y espere a ver qué pasa". Esto la tranquilizó un poco. "Si mi madre realmente se quiere morir, es así cómo me lo hará saber". Durante el transcurso de la semana siguiente, casi imperceptiblemente, Betty gradualmente comenzó a reducir su consumo de líquidos. Del décimo día en adelante, sólo utilizó agua para sus cuidados bucales y ocasionalmente se comía un helado sin azúcar. Cuando venían sus nietos a visitarla fingía comerse un bocado de comida para ser sociable y por darles gusto. Sus hijos se turnaban acompañándola de día y de noche y asumieron la responsabilidad de proporcionarle el cuidado bucal.

Fase intermedia: Betty no había tomado líquidos durante días. Ingería el temazepam con un pequeño sorbo de agua, para pasar la noche. La hija mantenía contacto telefónico con el médico de Betty todos los días. Betty se encontraba débil, pero seguía totalmente lúcida. Con la ayuda de sus hijos mantenía un buen cuidado bucal. No se quejaba de sed. Dos semanas después de iniciar su ayuno se fue debilitando pero mantuvo su lucidez hasta el día antes de fallecer. En su tercera y última semana, en dos ocasiones se tomó un somnífero para pasar la noche más apaciblemente. Unos días antes de morir, no podía respirar y le dio un ataque de pánico que se superó con la ayuda de oxazepam.

Fase final: Hacia el final, sí dijo: "Morir no es una labor fácil, uno sabe que en esto está solo. Tu papá no puede ayudar, ni mi mamá ni mi papá tampoco". Pocos días antes de morir volvió a sentirse ahogada y ansiosa pero con un supositorio de oxazepam se logró estabilizar. No estaba sufriendo dolores y no tuvo necesidad de morfina. Ya no se podía poner de pie y estar sentada era agotador. Yacía en el lecho y se encontraba demasiado débil como para hablar. Una noche su hijo se dio la vuelta para preparase un café y escuchó un suspiro. Había fallecido. Esto ocurrió veinte días después de dejar de comer, y diez después de dejar de beber.

Observaciones retrospectivas

Según comentó la hija, "Estos fueron momentos valiosos en nuestras vidas pues todos pudimos cuidarla y mantenerla cómoda. La rodeamos de un ambiente positivo y nos aseguramos de que tuviese algo para mantenerse ocupada mientras estaba despierta. Era importante, tanto para su tranquilidad como para la nuestra, que pudiésemos hablar con el médico todos lo días.

En comparación con otros casos de fin de vida, este proceso fue notablemente sereno. Algunos de los factores que contribuyeron fueron los siguientes:

- Tanto su hija como su medico describieron a Betty como una persona fuerte y equilibrada decidida a asumir la responsabilidad de cómo terminar sus días.
- Tras haber discutido el asunto exhaustivamente con su médico, Betty estaba totalmente consciente de lo que le esperaba.
- El doctor pasaba todos los días y le suministraba pastillas para dormir si las necesitaba. No hubo necesidad de analgésicos. Es bien conocido el fenómeno según el cual, en el campo de los cuidados paliativos para los enfermos terminales, los tratamientos para los síntomas de dolor y otros son con frecuencia más efectivos en la medida en que el individuo pueda administrar el medicamento y adaptar la dosis él mismo. Esto disminuye su temor a caer preso de un dolor insoportable en cualquier momento.
- Betty dejó primero de comer y luego de beber, a su propio ritmo. Se sabe que la sensación de hambre pronto disminuye al poco tiempo de dejar de consumir carbohidratos. No se sabe a ciencia cierta si la sed es más tolerable si la persona deja de ingerir líquidos gradualmente o si lo hace de un solo golpe. Pude variar de una persona a otra. Los hijos y nietos de Betty hicieron que su proceso fuese menos arduo manteniéndola ocupada durante sus horas de vigilia y mimándola.

Despidiéndose de comida y bebida

Existen diferentes fórmulas para referirse al acto de dejar de comer y beber para despedirse de la vida. Se habla de "negarse por voluntad propia a ingerir alimentos y líquidos" o de "rechazo voluntario de comida y bebida".[1] En este libro yo lo llamo sencillamente "dejar de comer y beber voluntariamente" o, de forma más coloquial, "despedirse de la vida ayunando" (DVA). Para aquellas personas que sufren de enfermedades graves o para las personas muy entradas en años es una muerte natural generalmente aceptada. En los Certificados de Defunción los médicos la registran como muerte natural y no como suicidio. Un tercio de los amigos y parientes encuestados que han sido testigos de esta forma de morir afirman que fue una muerte digna (Capítulo 7).[2] Les pareció una despedida tierna y memorable. A pesar de los momentos de incomodidad que pudo sufrir la persona, hubo ocasiones en las que les apretó la mano y miró a los ojos con un reconocimiento afectuoso.

Si usted está sopesando la idea de despedirse de la vida ayunando, usted y sus seres queridos tendrán muchas preguntas tales como cuánto tardará y cómo lidiar con la sed. No todo médico está capacitado para supervisar este tipo de muerte. Antes de optar por este método, la persona debe consultar con un profesional formado en cuidados paliativos o con experiencia en cuidados paliativos para asegurarse de no desaprovechar todas las opciones de cuidado paliativo que le sean aceptables. En cualquier caso, es esencial que la atención al final de la vida responda lo más avanzado del momento en cuidados paliativos, se desee o no apresurar la muerte.[3]

¿Cuánto tarda?

La mayoría de las personas que dejan de comer y beber simultáneamente fallecen entre siete y dieciséis días después o incluso antes si se encuentran gravemente enfermas.[4] Si la persona deja primero de comer y sólo después suspende los líquidos gradualmente, la muerte tarda un poco más, como en el caso de Betty. Para algunas personas puede ser más fácil dejar de beber poco a poco y lentamente por etapas. Una persona que deja de comer pero que sigue bebiendo como de costumbre puede vivir así durante meses. Esto significa que despedirse de la vida de esta manera permite influir sobre el tiempo que se tarda en fallecer, y prolongar o aligerar la despedida de sus seres queridos.

¿Cómo puedo evitar sentir sed?

La persona siente sed cuando se le seca la boca. Se debe vaporizar la boca con agua varias veces por hora (utilizando un pequeño pulverizador como el que se usa para regar las plantas o para perfume). Chupar hielo molido (digamos medio cubito de hielo) envuelto en gasa también es muy refrescante. Una vez que el paciente ha dejado de beber, su único consumo de líquidos será gracias a este cuidado bucal. Cincuenta mililitros diarios, o el equivalente de unas 10 cucharadas pequeñas, bastará para mantener la boca húmeda. En el Capítulo 3 se aborda en detalle el cuidado bucal.

El entorno de la persona moribunda debe ser consciente de la importancia de un buen cuidado bucal. La persona puede estar demasiado débil como para mantener por sí misma la humedad bucal que requiere. Sabemos por experiencia que, cuando no se atiende el cuidado bucal (como suele suceder cuando la persona está sola), la lengua y/o los labios se resecan o resquebrajan y esto es doloroso.

Una semana después de dejar de beber del todo, los riñones ya no pueden producir orina; lo que significa que ya no pueden desechar el producto residual llamado urea de la sangre. El incremento de concentración de urea en la sangre conlleva una mayor somnolencia. A algunas personas les agrada esta sensación y no les impide conversar con sus seres queridos durante sus momentos de vigilia. Otras, queriendo esperar a una persona que viene a despedirse, tratarán de estar más alerta bebiéndose uno o dos vasos de agua permitiendo así a los riñones eliminar una parte de la urea. En este caso, el proceso de fallecimiento tarda más, pero es bueno saber que uno mismo con sus acciones puede determinar la duración del proceso de fallecimiento.

Es reconfortante saber que la decisión se puede revertir en todo momento. De hecho, muchas personas así lo hacen en las etapas iniciales

e intermedias. Un estudio llevado a cabo en el estado de Oregón (EE.
UU.) reveló que una de cada seis personas que deliberadamente dejó de
comer y beber para precipitar su fallecimiento cambió de parecer.[5] Algunas de ellas lo hicieron sucumbiendo a la presión de parientes que
objetaban lo que estaban haciendo. Otros porque les resultó muy difícil dejar de beber. Sea cual sea el caso, la persona siempre sigue manteniendo el control. La toma de decisión sigue siendo suya y, en
cualquier momento, puede reafirmarse en su rumbo renunciando a
recibir el agua que se le ofrece.

En algunos casos, la persona se mantiene consciente hasta el último
día. La mayoría de las personas ya para ese entonces están tan débiles
que no pueden hablar y responden a las preguntas que se les hacen
moviendo la cabeza o con los ojos. Esto se asemeja a lo que ocurre con
los enfermos terminales cuando llegan al final de sus vidas, pero sin el
dolor y la ansiedad. En los casos en los que hay dolor, la experiencia
revela que para una persona que no está acostumbrada a una dosis diaria de morfina, basta con una inyección subcutánea de entre 5-10 mg
unas cuantas veces al día. Esta dosis es menor a la *morfina* que se recibe
en forma de parche transdérmico (llamado Duragesic) y es demasiado
baja para ser considerada "sedación terminal" (v. gr. disminución deliberada de la conciencia hasta el momento del fallecimiento).

Técnicamente, la muerte por ayuno voluntario sobreviene a causa del
cese de la ingestión de líquidos, por deshidratación y no por inanición.
Al final, el corazón ya no puede latir con regularidad y la persona
muere en sueños de un paro cardíaco.

Pacientes con demencia y cáncer

Una de las implicaciones del estado de demencia es que los pacientes
no pueden dar su consentimiento informado sobre el hecho de querer dejar de comer y beber a quienes les proporcionan sus cuidados.
El comportamiento omisivo de no alargar la vida por la vía de la hidratación y nutrición artificiales no está penalizado por el Código
Penal español. Adicionalmente, por Ley 39/2006 de Promoción de la
Autonomía Personal del ordenamiento jurídico español, en el caso de
personas dependientes la elección entre las alternativas propuestas co-

rrerá por cuenta de su familia o entidades tutelares que le representen. Por otra, en prevención, toda persona en plena capacidad de obrar puede formalizar un documento de Instrucciones Previas en documento público (ante notario) o privado. Este documento de voluntad vital anticipada es considerado como una expresión de la autonomía de la voluntad que debe respetarse. En principio, este documento de Instrucciones Previas para el médico, unidad de cuidados paliativos, hogar geriátrico u hospital (ver modelo en Apéndice 2) junto con un Poder de Representación para la atención médica y la toma de decisiones médicas(ver modelo en Apéndice 3) legitimaría el derecho de terceros a suspender en su nombre y representación la nutrición e hidratación artificiales. No obstante, el personal de enfermería y los médicos en una unidad de cuidados paliativos o de cuidados para ancianos pueden sentir que es cruel suspender la hidratación y nutrición artificiales a un paciente con demencia que parece sediento. Los parientes sentirán esto aún con mayor intensidad, y más aún si el comportamiento del paciente indica o sugiere que tiene sed.

Las personas diagnosticadas con demencia, temprana o tardía, con frecuencia disminuyen *por sí mismas* su ingesta de alimentos y líquidos con el transcurrir de los meses e incluso años antes de morir. Cuando rechazan la comida y bebida, cosa que hacen con frecuencia, obligarlos a recibirlos es una decisión problemática para las personas que representan al paciente. En el curso de mi práctica clínica, yo intento distinguir entre los pacientes que están deliberadamente apresurando su muerte dejando de comer y beber y aquellos pacientes con una demencia temprana o avanzada que ya no son capaces de mantener su negativa a recibir alimentos y líquidos.

Sin embargo, aquellos casos en los que he atendido a personas de avanzada edad en mi calidad de psiquiatra, me han enseñado que la distinción no es nada obvia. Son muchos los matices que existen entre una persona que persistentemente cierra la boca cuando se le ofrece alimento y bebida y otra persona que ha tomado la decisión consciente de renunciar a comer y beber. Hacer esta distinción es aún más difícil cuando la comunicación verbal es imposible. En los capítulos siguientes, yo asumo que estamos frente a la negación persistente verbal o no verbal a alimentarse e ingerir líquidos que puede presumirse como el deseo inequívoco de despedirse de la vida.

Chabot introdujo un nuevo significado para el antiguo término holandés 'versterven' (que significa renunciar a los placeres terrenales; desvanecerse paulatinamente). Él ha utilizado esta palabra tanto para el acto deliberado como para el espontáneo de dejar de comer y beber. En español no existe una palabra única que abarque el acto de dejar de comer y beber, sea éste intencional o espontáneo.[6]

Los pacientes con cáncer con frecuencia experimentan espontáneamente menos apetito y sed. Con el tiempo y mientras todavía están en condiciones de hacerlo, dejan prácticamente de alimentarse y beber del todo.[7] Estos pacientes, no obstante, no han tomado la decisión deliberada de apresurar su muerte cesando su ingestión de líquidos. Aunque los pacientes con cáncer y demencia que dejan de beber espontáneamente pueden en ocasiones morir por deshidratación, dicha deshidratación es el resultado de su enfermedad y no de una decisión de anticipar su fallecimiento.

En el caso de algunos pacientes con cáncer terminal que han dejado de comer y beber para apresurar su fallecimiento, los médicos a veces les recetan medicamentos para que caigan en un sueño profundo y así dejen de sufrir. Cuando este sueño profundo perdura hasta su muerte, se trata claramente de un caso de sedación "terminal" o paliativa. Sin embargo, la persona que rehúsa comer y beber por su propia voluntad para anticipar su deceso no necesariamente sufre, siempre y cuando reciba unos cuidados adecuados. Si el sufrimiento se puede aliviar por medios menos radicales que la sedación total, no hay razón médica para poner a dormir el paciente hasta el momento de su muerte.

Algunas personas se horrorizan con la imagen que proyectan los medios de personas en buen estado de salud que deliberadamente han escogido morirse de inanición, como en los casos de huelgas de hambre o personas con anorexia nerviosa. Estas imágenes no tienen nada que ver con el tema de este libro y son engañosas por dos razones. Primero porque esas personas tienen toda una vida por delante y, si están ayunando, es por convicciones políticas o en razón de una enfermedad psiquiátrica. Segundo, porque dado que esas personas por lo general siguen bebiendo agua, usualmente no mueren. En los casos en los que mueren, es tras un largo periodo de sufrimiento que ni siquiera un buen cuidado bucal logra aliviar.

En algunas religiones "abstenerse de comer y beber" en anticipación del fallecimiento es algo corriente y aceptado como parte de la vida. El jainismo en la India considera que ayunar hasta morir es un acto altamente respetable puesto que significa el triunfo del ser espiritual sobre el cuerpo.[8] Hay relatos de hogares geriátricos en Benarés (India) en los cuales las personas ancianas que han dejado recientemente de comer porque sienten que su tiempo ha llegado son admitidas junto con sus familias para que se puedan despedir. Para los familiares de estas personas, el hecho de que renuncien a comer y beber no es un síntoma de depresión sino un acto de control sobre su muerte.[9]

¿El rol del médico?

Las personas entradas en años deseosas de asumir las riendas de su muerte pueden considerar que dejar de comer y beber es una buena opción teniendo en cuenta que la muerte asistida por un médico no siempre está permitida por la ley. Jamás se le puede exigir a un médico que acate la solicitud de poner fin a una vida. Sin embargo, el médico sí puede desempeñar un papel si un paciente en plena capacidad de obrar decide renunciar a comer y beber para agilizar su muerte. Es importante proporcionar cuidados paliativos para aliviar el sufrimiento que acarrea el rechazo de líquidos.[10]

Si bien no existe ley alguna que *obligue* a un médico a cooperar con el deseo de muerte de un paciente, el paciente tiene el derecho de rehusar recibir cualquier y todo tratamiento, así le ocasione la muerte. Es cada vez más frecuente que las constituciones y normatividad concedan un cada vez mayor rango a la libertad de conciencia, incluso respecto a la vida, manifestada, entre otras facultades, en el derecho a renunciar o rechazar tratamientos. En el Apéndice 4, encontrará unos ejemplos de la legislación vigente en algunos países de habla hispana: España, Colombia, Argentina y México. En estos (y seguramente otros) países hispanoparlantes, el médico está obligado a respetar la voluntad del paciente de no recibir hidratación artificial, así esté en desacuerdo con la decisión del paciente de apresurar su muerte.

Un trance emocional con los seres queridos

Me gustaría examinar muy brevemente la difícil posición de algunas personas frente a un pariente que desea precipitar su muerte ayunando. Posiblemente, uno o más de los parientes y amigos no estén de acuerdo con esta decisión. Pueden sentir enojo, impotencia y otra serie de emociones frente al deseo inequívoco de su ser querido de morir. Algunas personas se sienten incapaces de observar mientras su ser querido lleva a término su propia muerte y no participan en la discusión. Aquéllas que desean estar hasta el final deben hacer gala de tacto y respeto.

En ocasiones, la decisión de dejar de comer y beber se hace en medio de un intenso forcejeo emocional con los seres queridos. Los parientes que he entrevistado han mencionado un sinfín de sentimientos encontrados. Su sentido de lealtad con la persona deseosa de morir entra en conflicto con su resistencia a verse obligados a desprenderse de ella. Otros se pueden sentir rechazados porque la persona deje de comer y beber; sobre todo, después de haber hecho todo lo que está a su alcance para ayudarla a dar sentido a su vida, y no a que persiga terminar con ella. Otros parientes pueden sentirse menos perturbados con esta ambivalencia pues consideran que, si estuviesen en el lugar del paciente, tomarían la misma decisión.

Precauciones legales

Para finalizar este capítulo, me gustaría explorar brevemente las precauciones legales a tomar antes de iniciar el camino del ayuno voluntario. Aunque éstas pueden diferir de un país a otro, en algunos aspectos siempre implican Instrucciones Previas (IIPP), un Poder de Representación y lo relativo a facultades mentales. Antes de iniciar la despedida voluntaria de la vida dejando de comer y beber, la persona debe dejar constancia escrita a través de una directriz anticipada o Instrucciones Previas precisando su voluntad de no recibir alimentos y líquidos (sea éste por vía oral, intravenoso o cualquier otro medio) una vez haya entrado en estado comatoso. Si no está en condiciones de redactar o firmar un documento, puede grabar una declaración verbal con un teléfono móvil o cámara de vídeo. También es una buena idea dejar constancia explícita de antemano sobre la negativa a recibir cualquier tratamiento médico o ser internado en un hospital. No olvide dar una copia impresa o de la grabación con sus instrucciones previas a su representante y al médico.

También debe nombrar un representante con un poder legal para atención médica que pueda tomar las decisiones cuando usted ya no esté en condiciones de tomarlas. ¿Cómo? En el Apéndice 3 encontrará un modelo para dicho poder.

Como podemos observar por las legislaciones citadas en el Apéndice 4, la tendencia en los países hispanoparlantes es al derecho de todo paciente adulto con plena capacidad de obrar a poder negar su consentimiento para cualquier tratamiento médico. La persona necesita garantizar que nadie trate de "salvarle la vida" una vez pierda el conocimiento y, por lo tanto, se le considere incapaz.

En los países hispanoparlantes "[En España] el campo de las instrucciones previas (IIPP) está prácticamente en sus inicios, por lo cual no debemos esperar que la mayor parte de los clínicos posean los conocimientos y sutilezas precisos para manejarlas correctamente en la práctica. Por ello es importante que ante dudas a la hora de interpretarlas, los clínicos dispongan de procedimientos para consultar con otras personas que puedan conocer mejor las implicaciones éticas y legales de las IIPP".[11]

El otorgamiento de las IIPP suscita dos preguntas. Primero, ¿cómo se define la "plena capacidad de obrar"? La respuesta es que, mientras la persona esté en condiciones de entender las alternativas médicas a su alcance y pueda expresar el porqué las está rechazando y optando por este camino hacia la muerte, es mentalmente competente.[12] De tal forma, ponga estas IIPP por escrito en unas cuantas frases en un documento firmado y fechado (Apéndice 2). Si surgen dudas sobre su lucidez mental, solicite a un trabajador social o a un profesional de la salud mental que certifique formalmente y por escrito su competencia mental.

La segunda pregunta es: ¿quién puede garantizar sus derechos una vez haya perdido su competencia mental como resultado del ayuno y la deshidratación? Debe anticiparse a esta eventualidad y otorgar previamente poder de representación legal autorizando a alguien de confianza a tomar decisiones en su nombre sobre su negación a recibir tratamiento cuando ya no esté usted en plena capacidad de obrar. En el Apéndice 3 encontrará un documento modelo para otorgar dicho poder de representación legal. Su representante legal garantizará el respeto de su negativa a recibir alimentación artificial y ser hospitalizado. Por lo general, la persona encargada es un amigo cercano que lo apoya en su decisión y tiene la suficiente firmeza para resistirse a las presiones que puedan ejercer el personal de enfermería o un médico que insistan en que se le debe "salvar" la vida.

Despedirse de la vida ayunando es una práctica totalmente legal siempre y cuando la decisión se tome estando en plena capacidad de obrar. En caso de que el médico se niegue a acatar la voluntad vital anticipada del paciente, se le debe referir a la legislación (ver Apéndice 4) que ampara este derecho y la que obliga a respetar el Poder de Representación otorgado y sus IIPP. Si el médico sigue renuente a cooperar, se hace necesario acudir en búsqueda de un médico dispuesto a apoyar su decisión.

Aquellas personas entradas en años que no tienen una persona de confianza que pueda actuar en nombre suyo, pueden enfrentarse a la dificultad de encontrar un representante legal, pero estas instrucciones previas son una precaución esencial. Ha habido casos en los que el médico o psiquiatra ha amenazado con declarar incapaz a un anciano que ha dejado de comer y beber durante algunos días para acelerar su muerte.[13] Lo que puede suceder en estos casos es que la persona acabe hospitalizada en contra de su voluntad y recibiendo nutrición e hidratación artificiales para impedir que se muera.

Gloria: una muerte sin el debido cuidado bucal

Este informe se basa en una entrevista con su hijo y nuera y, por vía telefónica, con su médico.

Circunstancias sociales y personalidad

Gloria, de 83 años de edad, había enviudado hacía 20 años. Mantenía una buena relación con su único hijo y su nuera que la visitaban varias veces a la semana. Era una persona vivaz que hasta los 81 años jugaba al tenis una vez por semana, hacía largas caminatas con una amiga y tenía un grupo de amistades con las que jugaba al bridge. Toda su vida Gloria se había preciado de su apariencia impecable y altos estándares de decoro. Hacía las cosas a su manera; su hijo la describe como una persona con mucha firmeza e incluso hasta voluntariosa.

Condición médica y el proceso de toma de decisión

Dos años antes de que muriera, el neurólogo de Gloria le detectó un leve sangrado en la materia blanca del cerebro. Tenía crecientes dificultades para tragar y hablar. También presentaba un fuerte temblor y espasmos ocasionales en su brazo izquierdo. Estos síntomas de parkinsonismo (que se asemeja al mal de Parkinson pero es provocado por otras condiciones) estaban empeorando. El tratamiento con medicación contra el mal de Parkinson sólo la aliviaba por momentos.

Un año antes de su muerte, Gloria ya no podía subir las escaleras en su casa. Para su gran pesar, se tuvo que mudar a una residencia para ancianos. Comenzó a hacer nuevos contactos sociales allí pero se sentía incomoda ya que, día a día, se le hacía más difícil tragar y había comenzado a babear. Ella sentía que ya no estaba presentable, ya no quería que la vieran a la hora de las comidas ni en la mesa de bridge. También tenía crecientes problemas para hacerse entender y ya no podía comunicarse bien cuando estaba en grupo. Comenzó a aislarse socialmente.

Cuando ya no pudo levantarse de la cama por sí misma y la tenían que levantar con una polea, solicitó una muerte asistida por un médico con medicación letal. A estas alturas, sufría grandes dificultades para tragar incluso alimentos de consistencia líquida. También tenía una tos con mucha flema (mucosidad) y le era cada vez más difícil tragar estas flemas para descongestionar sus vías respiratorias. Los expectorantes eran de poco alivio. Como no podía tragar las flemas, le faltaba el aliento, incluso al punto de asfixiarse por momentos. Ella se dio cuenta de que este estado de dependencia no podía sino empeorar. El aislamiento social que le ocasionaba la vergüenza de no poder hablar bien cuando estaba con otras personas la llevó a tomar la decisión de agilizar su muerte.

Retrospectivamente, su hijo y su nuera sienten que el médico no había abordado de forma adecuada estas limitaciones y sus implicaciones, ni con Gloria ni con ellos. Gloria había esperado un buen tiempo antes de solicitar a su médico la medicación letal. No fue sino cuando se sintió a punto de ahogarse con las flemas que decidió que ya era hora de partir.

Tanto el médico como su hijo consideran que Gloria estaba en plena capacidad de obrar y había sopesado los argumentos a favor y en contra cuando tomó su decisión de optar por una muerte asistida por un médico. En la opinión del médico, Gloria no estaba deprimida. Ella había hecho su solicitud formal de una muerte asistida por un médico a causa de sus dificultades para hablar y tragar, y porque babeaba. Ya no tenía vida social. La nuera estuvo presente en la conversación con el médico en la que Gloria le pidió la medicación letal. Tras haber esperado un año para firmar la solicitud escrita, Gloria pensó que el médico entendería su deseo de morir, y accedería sin tardar.

El médico se negó; no por principios, sino porque sentía que Gloria lo estaba presionando indebidamente. Estaba impresionado por el hecho de que Gloria había seguido jugando al tenis regularmente hasta después de los 80 años. En su opinión, Gloria tenía problemas con sus incapacidades únicamente porque siempre había gozado de un excelente estado físico. Sus dificultades para hablar y el babeo no eran peores que los de los otros residentes del hogar, algunos de los cuales seguían participando en los juegos de bridge y, cuando tenían flemas, sencillamente las escupían en un pañuelo de papel. En sus entrevistas de tú a tú con Gloria entendía perfectamente lo que ella decía. Él no podía comprender por qué ella no aceptaba sus discapacidades. En último término, lo más decisivo fue el hecho de que no se le había diagnosticado ninguna enfermedad terminal.

El fin de semana siguiente, Gloria decidió asumir las riendas de su propia muerte dejando de comer y beber, un método en su opinión degradante. Le dijo a su hijo: "Voy a dejar de beber porque el médico no me quiere ayudar. Yo tengo la fuerza de voluntad para llevarlo a cabo". Su hijo y su nuera no lograron disuadirla.

El curso de los acontecimientos de acuerdo con los registros llevados por las enfermeras

Antes de comenzar a despedirse de la vida ayunando, Gloria estaba presentando dificultades para expulsar las flemas. Como registró el personal de enfermería: está comiendo y bebiendo muy poco pues se atora mucho; en una ocasión casi se ahoga.

Primera día: La paciente ha decidido rechazar toda medicación, comida y bebida con la esperanza de morir pronto. Anoche sí tomó un vaso de agua.

Segundo día: No comió ni tomó nada, no orinó y se quejó de que le dolía cuando la tocaban. El médico le recetó 500 mg de *acetaminofén* en supositorios hasta 6 veces al día. No quiere que la levanten de la cama para pasarla a la silla.

Tercer día: Sigue rehusando comer y beber. Dice que espera que su médico le dé una dosis letal de barbitúricos.

Cuarto día: Se sigue quejando de que le duele. Se le recetan supositorios de *diclofenaco* en lugar de *acetaminofén*.

Quinto día: El médico solicitó la visita de un consultor en cuidados paliativos para que asesorara en el caso, diciendo que la visita no era urgente.

Sexto día: La paciente se quejó de dolor. El diclofenaco no basta. Cuando se despertó preguntó: "¿Todavía no me he muerto?"

Séptimo día: Está cada vez menos receptiva y tiene llagas en la boca.

Octavo y noveno días: No hay informe.

Décimo día: Durante la visita del consultor ya no estaba coherente. El médico generalista recetó Duragesic 25 (*morfina* en parche transdérmico).

Undécimo día: La paciente está en estado de coma. Murió en presencia de su familia.

Aunque no hay informe para el noveno y décimo día, su nuera dice: "Estaba en un estado lamentable. Algunas de las enfermeras salían llorando de su habitación". Su hijo dijo: "Debí haberle puesto una almohada en la cara. Las llagas y costras que tenía alrededor de la boca eran terribles".

El médico había sostenido una conversación telefónica con el consultor en el quinto día. Él no pensaba que Gloria estuviese sufriendo gravemente y descartaba las aseveraciones de que "si usted no me ayuda, me voy a dejar morir de hambre", catalogándolas de chantaje emocional. Aunque todos estuvieron de acuerdo en que la paciente estaba mentalmente capacitada para tomar la decisión de poner fin a su vida, y a pesar de que la visita del consultor hubiese sido definitivamente necesaria en el quinto día, ya cuando llegó en el décimo día era demasiado tarde.

Retrospectivamente

Tanto el médico como la paciente perdieron la oportunidad de discutir las opciones de un último recurso al final de vida. El médico no le dedicó tiempo a ahondar en lo que ha sido investigado como "el discurso de fin de vida" para lo últimos meses.[1]

Gloria, una mujer independiente, estaba acostumbrada a hacer lo que se proponía y no se dio cuenta de lo que significa para un médico poner fin a la vida de un paciente. Una vez su decisión tomada, ya no concebía la posibilidad de discutir otras alternativas ni de posponer el final. Su hijo entendía perfectamente el sentimiento de Gloria de que ya era más que suficiente y sabía cuán terca podía ser.

No es raro que surjan opiniones contrapuestas entre un médico y su paciente. Para el doctor, las discapacidades de Gloria no eran tan severas puesto que muchos de sus otros pacientes de edad avanzada parecían soportarlas. No obstante, Gloria y sus seres queridos veían estas limitaciones desde la perspectiva de lo que era su vida de antes. Lo que más le afectó y la razón por la que dejó de tener una vida social fue la vergüenza que sentía por no poder hacerse entender cuando hablaba y el hecho de babear en público. Si la discusión no hubiese escalado hasta tal punto, posiblemente una consultoría de emergencia hubiese ayudado.

Los registros del personal de enfermería revelan que, a partir del séptimo día, Gloría estaba sufriendo de una llagas muy dolorosas en la boca. Lo que indicaría que no recibió el cuidado bucal requerido. Es posible que emocionalmente haya sido muy difícil para el personal de enfermería cuidar de alguien que deseaba morir aunque no sufría de enfermedad terminal alguna.

El médico inicialmente recetó *acetaminofén* y luego *diclofenaco* para el dolor. A veces esto es todo lo que se necesita. En el caso de Gloria, sin embargo, todo indica que no bastaba debido a las llagas en la boca por no haber tenido un adecuado cuidado bucal. La falta de registros en el noveno y décimo día parece revelar que el personal de enfermería percibía que la situación se había deteriorado hasta lo indescriptible. Los comentarios de la nuera de Gloria sobre el llanto del personal de enfermería confirmarían esta observación.

Algunos médicos equiparan el acto de dejar deliberadamente de comer y beber con el suicidio y, si esto ofende su moralidad, pueden negarse a proporcionar cuidados paliativos. El médico que enfrenta esta disyuntiva debe encomendar al paciente a otro médico para aliviar su sufrimiento. En el caso de Gloria, el juicio moral del médico condujo a un "pacto de silencio" en su comunicación con el personal de enfermería y los parientes.

Cuidado bucal y otras disposiciones

Muchas personas que han hecho un ayuno voluntario saben que el hambre desparece después de unos días de ayuno estricto para ser reemplazado por un sentimiento de bienestar. Esto se debe a que, cuando ya no hay ingestión de azúcar y otros carbohidratos, el cuerpo produce unas sustancias que se asemejan a la morfina llamadas endorfinas y que condicionan de manera positiva el estado de ánimo. Otro de los efectos del ayuno estricto es que los ácidos grasos se descomponen en sustancias llamadas cuerpos cetónicos que contribuyen a aliviar el dolor (para más información, ver Capítulo 6).

Es esencial que todos los involucrados sepan que la sensación de sed es causada por la sequedad bucal. Si la boca y la lengua se mantienen húmedas, la persona sentirá menos sed aunque no esté ingiriendo líquidos. Esto ha sido confirmado por las experiencias de las personas que proporcionan cuidados paliativos terminales (Capítulo 6) y por datos provenientes de la investigación (Capítulo 7).

Cuando se deja de comer y beber, inicialmente la persona sigue consciente siempre y cuando no haya fiebre y no esté tomando sedantes. Una semana después de dejar de ingerir líquidos, los riñones ya no podrán limpiar la urea de la sangre y la persona comenzará a sentirse somnolienta. Esto no tiene necesariamente por qué ser incomodo y no interfiere con el contacto con los parientes.

En un estudio llevado a cabo en unidades de cuidados paliativos, el personal experimentado de enfermería calificó, en una escala de 10, la "calidad de la muerte" de los pacientes que aceleraron el proceso ayunando con una valoración de 8, o sea "buena" (ver Capítulo 7).[1]

Cuidado bucal –un resumen
Hay tres productos que pueden servir para disminuir la sensación de sed: aquellos que refrescan la boca, los sustitutos salivales y los productos que estimulan la secreción de saliva. Puesto que el proceso na-

tural de limpieza bucal se ve perturbado cuando la persona ya no está comiendo y bebiendo, también es esencial mantener la boca limpia para prevenir las infecciones por hongos. En la farmacia le pueden recomendar los productos disponibles localmente.

Si está pensando en DVA, puede realizar ensayos previos para determinar de antemano cuál es el producto que mejor le sirve para aliviar la sed. El médico estadounidense Stanley Terman hizo él mismo la prueba, dejando de comer y beber durante cuatro días mientras gozaba de una buena salud. Así, obtuvo información de primera mano sobre los productos que más le convenían para su propio cuidado bucal. Terman calificó su sed en una escala de 0 (sin sed) a 10 (una sed extrema) por intervalos de horas. Su calificación nunca fue superior a 5. Basándose en la misma escala de 0 a 10, su sensación de hambre nunca estuvo por encima de 2. Hay un pasaje de su libro 'The best way to say goodbye" ('La mejor forma de decir adiós') que ilustra lo que se puede aprender de la práctica:

Yo no usé gotas limón con azúcar ni refrescos porque el azúcar que contienen estimula la producción de insulina y desencadena la sensación de hambre. Utilicé un vaporizador bucal que refrescó toda la cavidad bucal. Una goma de mascar sin azúcar también refresca la boca. Usé un pedazo de gasa para frotarme las encías y paladar con un sustituto salival en forma de gel porque el gel evita la deshidratación de la boca mientras uno duerme. Para lavarme los dientes utilicé cepillos extra suaves y dentrífico para niños, que resultan menos irritantes para las membranas mucosas. La cara me la refrescaba con agua de rosas o glicerina. Mis labios los mantenía hidratados con vaselina. En esos días iniciales, no necesité ni pulverizador nasal ni gel para los ojos, pero los tuve listos por si acaso los necesitaba. [2]

RESUMEN DE MEDIDAS PARA EL CUIDADO BUCAL

1. Dispositivos para refrescar: desde el comienzo es importante refrescar la boca (por lo menos una vez por hora) con uno de los siguientes:
– agua en un atomizador o vaporizador como para regar las plantas;
– hielo triturado envuelto en una gasa para chupar;
– un helado sin azúcar.
– Para contrarrestar el mal aliento existen atomizadores bucales con fragancia de menta.
2. Sustitutos salivales: estos vienen en forma de gel, pulverizadores o enjuague bucal y son extremadamente importantes para las horas de sueño ya que previenen la deshidratación interna de la boca durante varias horas seguidas. Las preferencias varían. El personal de enfermería se puede encargar de suministrárselos o usted mismo los puede comprar sin receta en una farmacia. (v. gr. Gel oral balance de Biotene, Gum BioXtra boca seca, solución para pulverización Saliva Orthana).

   Algunas personas respiran con la boca abierta mientras duermen. Esto puede resecar la boca a pesar del uso de sustitutos salivales. Colocar un humidificador encima de la cama cerca de la boca puede ayudar.
3. Estimulación de saliva: se puede estimular la producción de saliva con goma de mascar sin azúcar. Es importante que no contenga azúcar ya que el azúcar estimula la producción de insulina que a su vez causa punzadas de hambre.
4. Prevención de infecciones: se debe limpiar la boca de 2 a 3 veces al día para prevenir infecciones fúngicas. Tome un pedazo de gasa humedecida en una solución 'fisiológica' salina (común y corriente) o un enjuague de *chlorhexidine* sin alcohol (de farmacia) y frótese la lengua, el interior de la boca y las encías para eliminar cualquier depósito acumulado. La solución salina se puede preparar en casa mezclando un litro de agua hervida cuando esté tibia con una cucharada sopera de sal común. Una infusión de camomila ayuda cuando la boca se siente pegajosa.
5. Las prótesis dentales irritarán las encías resecas así que no se deben colocar mientras se toma la siesta o duerme. Cuando tiene visitas se las puede volver a colocar usando un sustituto salival para no sentirse incómodo (y poder hablar claramente).
6. Si la persona desea que se le cepillen los dientes, lo mejor es un cepillo extra suave para niños.
7. Después de limpiarse la boca póngase vaselina en los labios para evitar que se le agrieten.

Otras disposiciones para una muerte serena

Preparación mental

La aceptación de la muerte es el factor más importante. Las creencias personales de aquél que va a morir determinarán la forma en que afrontará esta preparación mental.

La aceptación de la decisión de DVA por los parientes y el médico

Aun cuando la persona lo que desea es morir y acepta su propia muerte, es posible que sus hijos y médico no estén listos para aceptarlo. Esto puede ocasionar controversias sobre si apoyar la decisión de morir y, en caso afirmativo, cómo. Cuando se presentan estas polémicas, el médico debe iniciar un diálogo familiar a fin de encontrar una salida entre todos. Cuando el médico también se halla en conflicto, es necesario buscar un mediador o enfermera con experiencia en cuidados paliativos para que tercien en la discusión.

Una estrategia para dejar de beber

Algunos informantes sostienen que es más cómodo reducir la ingestión de líquidos de forma gradual. Por ejemplo, el primer día se puede disminuir en un 50% la cantidad de líquido; de 2 litros, que es lo que una persona normalmente bebe al día, pasar a beber solamente 1 litro de líquido. Luego medio litro el segundo día, un cuarto de litro el tercer día y así ir disminuyendo de ahí en adelante. Para el sexto día, la persona ya debe estar lista para beber menos de 50 ml de agua, el equivalente a poco más de tres cucharadas soperas.

Cuidado bucal

En la sección anterior discutimos las medidas a tomar para que DVA sea llevadero. Los consejos de una enfermera especializada en cuidados paliativos pueden arrojar luz sobre las diversas posibilidades. Si no hay una enfermera disponible lo más sensato sería, con la ayuda de terceros, experimentar de antemano para determinar qué le sirve a uno y qué no.

Para prevenir las úlceras de decúbito o escaras

Cuando la persona ya está demasiado débil para salir de la cama puede desarrollar úlceras de decúbito (por presión). Un colchón antiescaras o de presión alterna puede ayudar a prevenir las úlceras de decúbito mientras dura la despedida de la vida. También contribuye a una mayor comodidad. Algunos centros de cuidados paliativos y asociaciones de cuidados a domicilio alquilan estos colchones.

Para eliminar el contenido intestinal

Es recomendable cerciorarse de haber realizado una limpieza de colon (desocupado el colon) justo antes de comenzar el proceso de DVA, o durante los primeros dos días ya que, después de aproximadamente una semana de ayuno, puede estar demasiado débil para poder hacer deposiciones. Es sabido que el estreñimiento es una fuente de gran incomodidad y confusión (delirio).

Un catéter o almohadilla adhesiva

Mientras la persona pueda levantarse de la cama para ir al baño no necesita un catéter. Hay quienes consideran que es más cómoda una buena toalla absorbente que un catéter, sobre todo considerando que a medida que avanzan los días va disminuyendo la cantidad de orina. Cuando la persona ya está muy débil se recomienda usar un catéter urinario para minimizar la incomodidad que puede ocasionar el cambio de toallas para la incontinencia. No olvide que una vejiga llena puede, al igual que la constipación, ocasionar confusión.

Cuidados paliativos proporcionados por los profanos en la materia

Los parientes, vecinos o amigos deben turnarse acompañando al paciente las 24 horas del día. Esto es importante pues la persona se debilitará cada vez más y requerirá un apoyo mental y físico sostenido. Los acompañantes también pueden ser los ojos y oídos del médico. Si están bien instruidos, podrán asimismo informar si se presentan señales tempranas de delirio tales como agitación, incoherencia y la imposibilidad de distinguir el día de la noche.

Las visitas regulares o consultas por teléfono de un médico y los consejos de una enfermera experimentada en cuidados paliativos son reconfortantes para el paciente y su familia. Las pastillas para dormir (como *temazepam* 20 mg) o una pequeña dosis de morfina de 10 mg por vía subcutánea dos veces al día pueden hacer que la persona se sienta más cómoda. Aunque una dosis demasiado alta puede tener el inconveniente de generar un estado de confusión.

Algunos médicos no prescriben medicación paliativa en la primera fase debido a sus reticencias morales frente a la muerte anticipada. Ellos consideran que el paciente debe dar prueba de que está determinado a resistirse al hambre y a la sed sin el beneficio de pastillas para dormir u otro tipo de medicamentos de alivio. En previsión de esta eventualidad, hay pacientes que guardan de antemano pastillas para dormir u otros medicamentos que puedan requerir en caso de que el médico se niegue a prescribírselos. Esto lo que revela es la falta de comunicación entre las partes; como la que convirtió el proceso de DVA de Gloria (Intermezzo 2) en una mala muerte.

En el Capítulo 4 discutiremos una información básica sobre medicación paliativa que puede servir a médicos y a los profanos en la materia.

Robert:
una muerte con cuidados paliativos profesionales

Un especialista geriátrico holandés me envió el informe sobre Robert, un hombre de unos 84 años que estaba dispuesto a morir y había optado por dejar de comer y beber. Con este caso como trasfondo, me gustaría discutir algunas de las opciones de cuidados paliativos que pueden proporcionar los médicos.

Roberto, un banquero jubilado, murió en un centro de rehabilitación para personas mayores donde estaba siendo tratado a raíz de la amputación de la parte inferior de su pierna. Su médico declinó la solicitud de una muerte asistida por un médico con una dosis letal de barbitúricos.

Situación social

La esposa de Robert había fallecido de Alzheimer 5 años atrás. Él la había cuidado en casa hasta que sufrió un derrame cerebral y tuvo que ser recluida en una residencia geriátrica. Después de su muerte, Robert perdió el deseo de vivir pero estaba haciendo lo que podía para seguir. En cierta forma, la amputación fue la gota que colmó el vaso. Tenía una hija y una nieta y una buena relación con ambas.

Condición médica y diagnóstico
- diabetes, para la que estaba tomando medicamentos;
- amputación reciente de su pierna izquierda por debajo de la rodilla (debido a falta de circulación relacionada con la diabetes);
- visión defectuosa (también debido a la diabetes);
- arritmia cardíaca, que había sido tratada con unmarcapasos.

Tras la amputación, había ingresado en un centro de rehabilitación para recibir una prótesis y aprender a caminar de nuevo. Sin embargo, Roberto insistía: "Ahora que ya no está mi esposa, yo ya no quiero vivir y no quiero rehabilitación. Mi único pasatiempo era cuidar de mi jardín y ahora ni siquiera puedo hacer eso. Por favor, denme una medicación para poder morir". Su hija confirma que él había expresado con frecuencia el deseo de morir desde que murió su esposa.

El geriatra llamó a consulta a un experto en cuidados terminales. Éste concluyó que el caso no cumplía con los requisitos legales holandeses para una muerte asistida por un médico. Aunque la solicitud del paciente era voluntaria y bien sopesada, su sufrimiento físico podría tratarse puesto que la rehabilitación prometía ser exitosa. El consultor negó la solicitud de Robert de una muerte asistida por un médico aduciendo que existía una alternativa razonable.

Robert siguió insistiendo en su deseo de morir. El médico, en una reunión que sostuvo con él y con su hija, mencionó que había un último recurso si realmente estaba decidido a llevar esto a cabo. "Puede sencillamente dejar de comer y beber", les dijo. Añadiendo posteriormente: "Si usted opta por este camino, las enfermeras y yo haremos todo lo posible para que el proceso sea tolerable, aunque definitivamente va a necesitar mucho esfuerzo de su parte para mantener este rumbo. Tómese un tiempo para pensarlo bien".

Aunque Robert efectivamente comenzó su rehabilitación, tres semanas después dijo: "No voy a seguir con esto, voy a dejar de comer y beber del todo." Se llevó a cabo otra reunión familiar en la que reiteró su decisión. El médico prometió proporcionarle el cuidado paliativo requerido. Lo que quiso decir con esto se puede ver en los informes cotidianos que siguen:

Primer día: Se ha suspendido toda su medicación, incluso los medicamentos para la diabetes. El paciente ha recibido un pequeño vaporizador para plantas para humedecerse la boca cada vez que quiera. Se le permite tomar 20 mg de *temazepam* para dormir por la noche, y puede pedir otra pastilla a la enfermera del turno nocturno si la necesita.

Segundo día: Todo el personal de enfermería ha sido informado sobre este régimen excepcional. Todos han recibido instrucciones de cerciorarse de que su boca se mantenga suficientemente húmeda (con cubitos de hielo, saliva artificial y otros, ver página 27). Al paciente se le acostó en un colchón especial para evitar las escaras.

Tercer día: Ha dormido bien con el *temazepam*. Durante el día está alerta, se queja de algo de sed pero es tolerable gracias a un meticuloso cuidado bucal.

Cuarto día: Le da sed con mayor frecuencia y está somnoliento pero se despierta fácilmente cuando su hija viene a visitarlo.

Quinto día: Se queda dormido con frecuencia, se aburre cuando está despierto y siente que la muerte está tardando mucho. Rechaza la música, la televisión y la radio. Duerme bien con el *temazepam*.

Sexto día: Se queja más de tener sed. El médico considera que el paciente ha exhibido un inequívoco deseo de morir durante estos cinco días. Le parece apropiado brindarle un poco de alivio y comienza con inyecciones de 10 mg del sedante *midazolam* 4 veces al día.

Séptimo día: La sed se ha vuelto tolerable. Duerme más durante el día; cuando se encuentra despierto está de buen ánimo, coherente. No se altera la dosis de *midazolam*.

Octavo día: Todavía logramos despertarlo. Se incrementó el *midazolam* a cuatro dosis diarias de 15 mg en vista de su creciente tolerancia al medicamento.

Noveno día: El médico considera que, tras 8 días y noches de estar en este proceso de morir deliberadamente por deshidratación, el proceso es irreversible. Razón por la cual le añade 10 mg de *morfina* 6 veces al día al *midazolam*. El sueño del paciente se hace cada vez más profundo, no responde cuando se le habla.

Décimo día: No hay cambios. Esa noche murió. Los parientes, el médico y el personal de enfermería consideran que la forma cómo transcurrió el proceso fue "buena".

Información sobre medicación paliativa

Este libro versa sobre una "salida de emergencia" para las personas muy entradas en años o los pacientes con una enfermedad terminal o crónica que deseen apresurar su muerte dejando deliberadamente de lado alimentos y líquidos. Una vez la persona ha tomado esta difícil decisión y antes de iniciar el proceso, es importante llegar a un entendimiento mutuo con su médico sobre por qué ya no hay alternativas de tratamiento aceptables. Debe explicar por qué su deseo de muerte ha llegado a ser tan apremiante. También debe haber probado todas las opciones de tratamiento paliativo disponibles (como cirugía, quimioterapia y radioterapia); a no ser que haya recibido toda la información relevante y decida explícitamente negarse a dichos tratamientos.

Así su médico, esté o no de acuerdo con sus razones para despedirse de la vida ayunando, mientras las entienda sus interacciones se verán guiadas por el respeto mutuo una vez haya suspendido toda ingestión de líquidos. También es importante que el médico sienta que, al proporcionar este cuidado paliativo, está ateniéndose a los límites tanto legales como deontológicos (de la ética profesional) establecidos.

En el caso de Robert (Intermezzo 3), su médico le proporcionó la medicación paliativa que se considera estándar para los pacientes a los que no les queda mucho tiempo de vida. Difícilmente se puede considerar que el acto de proporcionar una medicación paliativa adecuada y en dosis acordes con los síntomas pueda ser ilegal. Por otro lado, los médicos concuerdan que en manos de una persona experimentada esto no tiene por qué acortar la vida. Algunos se muestran dispuestos a proporcionar cuidados paliativos para aquéllos que están en proceso de DVA por compasión una vez entienden por qué la muerte es la única opción que le queda a esa persona.

La comunicación entre el médico, el personal de enfermería, los voluntarios y parientes es esencial; bien sea que el proceso de DVA se inicie en casa o en una institución. En el transcurso del proceso, tanto los profesionales de la salud (médicos y enfermeras) como los voluntarios y otros acompañantes deben anotar sus observaciones por escrito. Una forma de evitar desacuerdos que pueden surgir cuando se requiera encarar situaciones difíciles es llevando a cabo consultas interdisciplinarias aproximadamente cada tres o cuatro días.

Aquellos medicamentos que han sido recetados para síntomas de dolor, dificultades respiratorias o determinados malestares como nauseas no se deben suspender. Otros medicamentos, v. gr. estatinas, antihipertensivos o anticoagulantes ya no cumplen ninguna función por lo que se pueden suspender. Los corticosteroides provocan punzadas de hambre y se deben, por lo tanto, reducir gradualmente si es posible. Estos son sólo algunos ejemplos. En caso de duda, se debe consultar a un especialista en cuidados paliativos.

Debe haber una discusión previa sobre cómo responder si el paciente pide agua. Por regla general, lo recomendable es preguntar al paciente si está seguro de que ya no quiere seguir con el proceso de DVA. Si confirma que así es, se le debe dar sin tardar un vaso de agua.

Una situación particularmente difícil que puede surgir es cuando un paciente que ha dejado de comer y beber deliberadamente está delirante y, por su estado de confusión, pide agua. Naturalmente, la primera reacción ante una persona deshidratada que pide agua es brindársela, dejando de lado el hecho de que hasta ese momento la persona se había negado sistemáticamente a recibir líquidos. En previsión de este dilema, lo mejor sería que, antes de iniciar el proceso de DVA, el medico, el paciente y su representante legal se pongan de acuerdo sobre qué deben hacer en caso de que el paciente pida agua si está en estado de delirio: darle agua, iniciar un tratamiento con un antipsicótico tipo haloperidol (ver tabla abajo) o con sedantes.

El cuadro que encontrará más abajo con la lista de medicamentos sólo menciona las opciones disponibles. Atinar con la dosis correcta para calmar el dolor no es nada fácil. Pasar de un medicamento (v. gr. morfina subcutánea) a otro (parche transdérmico de fentanilo) requiere experiencia en cuidados paliativos.

Aunque DVA es factible sin supervisión médica, es indispensable contar con los consejos y apoyo de una enfermera especializada en

Tabla de medicamentos[2] utilizados con frecuencia y vías de administración alternativas. La vía oral requiere agua, por lo que debe reemplazarse por otros medios. Las inyecciones intramusculares son dolorosas y se deben evitar.

Indicaciones		Medicamento	Vías alternativas de administración *
Dolor	Medicamento de mantenimiento**	Paracetamol	Rectal (en forma de supositorio)
		Morfina de liberación lenta u oxicodona de liberación lenta***	Rectal
		Morfina u oxicodona	De manera intermitente o continuada subcutánea o intravenosa
		Fentanilo	Parche transdérmico
		Bruprenorfina	Parche transdérmico
	Medicamentos episódicos **	Morfina	Rectal, subcutánea o intravenosa
		Oxicodona	Subcutánea o intravenosa
		Fentanilo	Sublingual (Abstral®) Oromucosal (Effentora®, Brekyl®); Bucal (Actiq®); Intranasal (Instanyl®)
Mareo, nauseas y vómito		Metoclopramida	Rectal, subcutánea o intravenosa
		Domperidona	Rectal
		Haloperidol	Bucal, subcutánea o intravenosa
		Levomepromazina	Bucal, subcutánea o intravenosa
Constipación o estreñimiento		Bisacodilo	Rectal
Delirio y aturdimiento		Haloperidol	Bucal, subcutánea o intravenosa
Problemas de sueño, ansiedad y sedación		Temazepam	Rectal
		Midazolam	Intranasal, bucal o subcutánea
		Lorazepam	Sublingual, subcutánea o intravenosa
		Diazepam	Rectal, subcutánea o intravenosa
		Clonazepam	Sublingual, subcutánea o intravenosa
		Levomepromazina	Bucal, subcutánea o intravenosa

* s.c. Subcutánea (debajo de la piel); i.v. intravenosa (en una vena); sublingual (debajo de la lengua); bucal (entre la encía y la mejilla; oromucosal (sobre las encías).

** Los fármacos para tratar los dolores crónicos se suministran diariamente a horas fijas. Cuando se dan picos de dolor extremo, se requieren medicamentos que, colocados debajo de la lengua, alivian este dolor episódico en cuestión de minutos.

*** La morfina, otros opiáceos y sustancias semejantes a los opiáceos causan constipación o estreñimiento. Cuando se prescriben, se debe prever comenzar simultáneamente con el uso de laxantes (v. gr. un supositorio de bisacodilo de 10 mg cada dos días (en días alternos).

cuidados paliativos. La Real Asociación Médica de Holanda ha publicado unas directrices [KNMG 2014 en inglés] para informar a los profesionales de la salud, enfermeras, acompañantes, voluntarios y parientes sobre los aspectos (médicos, éticos y legales) del método de DVA. Aunque infortunadamente en español no parece existir una guía escrita equivalente, este libro quisiera suplir ese vacío en la medida de lo posible; sobre todo, para los pacientes, sus familiares y los profanos en la materia.

Chabot compila información sobre casi 100 pacientes holandeses cuyo fallecimiento se dio dejando de comer y beber tanto en sus casas como en instituciones (ver Capítulo 27).[1] Casi un 60% recibió medicamentos para aliviar síntomas de insomnio, ansiedad, dolor o aturdimiento. Algunos médicos prescribieron analgésicos para aliviar el dolor, otros suministraron pastillas para dormir que repetían en caso necesario. En los casos de aturdimiento, se formuló una pequeña dosis de un antipsicótico (por ej., *haloperidol*) .

Un 40% recibió morfina, en particular en aquellos casos con diagnóstico de cáncer (aunque no necesariamente en fase avanzada). En dos de los casos que se trataba de médicos jubilados que habían optado por DVA, ambos se habían prescrito a sí mismos 10 mg de morfina por vía oral dos veces al día desde el inicio del proceso. Esto se hizo no por dolor, sino con el objetivo de buscar un estado de confort. Ambos médicos-pacientes mantuvieron cómodamente la misma dosis hasta la pérdida de consciencia y fecha de su muerte; uno, al decimotercer día y el otro, al decimoquinto. En sus últimos días, cuando ya no podían tragar las pastillas, sus hijos se encargaron de suministrarles las mismas dosis por inyección subcutánea.

En el caso de Robert (Intermezzo 3), tanto la incomodidad generada por la sed como el debilitamiento progresivo se tornaron graves en el sexto día. A esas alturas, el médico ya estaba convencido del deseo inequívoco de Roberto de despedirse de la vida ayunando. De tal forma, decidió aliviar la incomodidad con *midazolam* (10 mg 4 veces al día por vía subcutánea) y aumentar la dosis a 15 mg 4 veces al día en el octavo día. En el noveno día, añadió morfina (10 mg por vía subcutánea 6 veces al día). La mención aquí de estas dosis no pretende ser una recomendación. Cualquier médico con formación en cuidados paliativos seguirá sus propios juicios clínicos y éticos. El objetivo de lo anteriormente comentado es ilustrar lo que han prescrito los médicos para atenerse a las disposiciones legales. También trae a colación el hecho de que algunos médicos no tienen reparos en permitirse a sí mismos una muy moderada dosis de *morfina* mientras apresuran su fallecimiento ayunando.

Hay que saber que la morfina puede ser un problema para las personas que casi no han ingerido líquido durante días. Como los riñones no están recibiendo suficiente agua para desechar los medicamentos y otros residuos presentes en la sangre, el nivel de morfina en la sangre se eleva rápidamente. La morfina en ocasiones induce un estado de aturdimiento acompañado por alucinaciones, lo que llaman delirio. Esto imposibilita el contacto con los seres queridos truncando la oportunidad de una despedida digna. Los médicos con frecuencia creen equivocadamente que es la deshidratación la que está ocasionando la confusión, y no la morfina. En lugar de reducir o suspender la morfina del todo, pueden de hecho incrementar su uso o añadir un sedante. Algunos expertos en cuidados paliativos consideran que esto es un error. Sumar *midazolam* a la *morfina* puede reducir el nivel de consciencia en lugar de aumentarlo.

La familia y el personal de enfermería deben hacer caer en la cuenta al médico de esta posibilidad, ya que el paciente estará demasiado confundido para hacerlo por sí mismo. Es posible que sea necesaria la visita de un consultor en cuidados paliativos. La familia puede insistir en esto. Un médico en una unidad de cuidados puede recomendar que se suspenda la morfina o se disminuya la dosis, y recomendar una pequeña dosis de un fármaco antipsicótico para contrarrestar el aturdimiento.

Es posible que un médico se niegue por objeción de conciencia a proporcionar cuidados paliativos en el caso específico de una persona que rehúsa comer y beber para apresurar su muerte. En el Apéndice 4 encontrará referencia a la Ley 41/2002 española de Autonomía del paciente y a las normas correspondientes para algunos países latinoamericanos en estos casos. En lo que se refiere a los deberes y derechos de los facultativos y pacientes, el médico puede dejar de atender a un paciente pero, en este caso, su deber es disponer lo necesario sin tardar para que otro colega cualificado asuma su rol para que, de esta manera, el paciente no se quede sin los debidos cuidados.

No es necesario entrar aquí en detalle sobre los diferentes tipos de medicación paliativa. Mi intención es ilustrar que para que el proceso de DVA se desarrolle de la mejor manera posible, se requiere una preparación de parte del paciente y conocimientos y experiencia de parte del médico. Por lo general, los médicos aún no saben lo suficiente sobre la muerte autogestionada a través del rechazo voluntario de líquidos debido a que el tema no se estudia como es debido en los cursos que reciben de formación (y formación posdoctoral) sobre cuidados paliativos.

SEGUNDA PARTE

El acto de dejar de comer y beber en el debate público

Algunos aspectos éticos

El método de DVA sólo ha sido incluido en la literatura científica recientemente

La noción de dejar deliberadamente de comer y beber para apresurar la muerte sólo ha entrado a formar parte de la literatura médica en el curso de las últimas dos décadas.[1] La idea de desprenderse de la vida manteniendo la boca cerrada a alimentos y bebidas era bien conocida en la Antigüedad:

Cuando Democritus decidió "retirarse de la vida" a causa de sus dolencias por su avanzada edad, no dejó de comer de un golpe sino que comenzó a reducir su consumo de alimentos día a día. Cuando se vio que posiblemente moriría durante la fiesta religiosa próxima a celebrarse, sus compañeras femeninas que esperaban con anhelo esta celebración le pidieron que pospusiera su ayuno. El sabio hizo solícitamente lo que se le pedía y extendió su vida por algún tiempo consumiendo miel.[2]

El acto de despedirse de la vida ayunando volvió a darse a conocer tras el surgimiento del movimiento geriátrico y de cuidados paliativos de finales del siglo XX, cuando unos médicos de hogares geriátricos del mundo anglosajón quedaron sorprendidos con la calma que caracterizaba la muerte de aquellos pacientes que dejaban espontáneamente de comer y de beber prácticamente del todo. Las investigaciones empíricas han confirmado estas observaciones (Capítulo 6). El acto de despedirse de la vida ayunando no requiere ninguna acción letal de parte del médico. El médico sigue respetando la norma ética de "curar algunas veces, aliviar con frecuencia y reconfortar siempre".

Algunos médicos han dado un paso más. En 1993, Bernat planteó la propuesta de que a los ancianos gravemente enfermos o a los pacientes con un cáncer no tratable que le piden al médico una muerte asistida, se les debería informar sobre la opción de tomar ellos mismos las riendas dejando gradualmente de ingerir alimentos y líquidos y resistiendo la sed por medio de un cuidado bucal adecuado.

Esta idea, al igual que todas las ideas novedosas que tienen que ver con el final de la vida, suscita una fuerte respuesta emocional por parte de los parientes, el personal de enfermería y la sociedad. La polarización o división de opiniones que ha generado se refleja en la forma como la gente se refiere a ella. Aún hoy en día hay quienes hablan de "incitar a matarse de hambre" mientras otros consideran que las personas de edad avanzada deben tener el derecho a morir dejando progresivamente de comer y beber a su propio ritmo si es lo que desean. Una persona puede querer salvar la vida de sur ser querido colocándole un tubo intravenoso mientras que otra condena esto por considerar que es "alimentar al paciente a la fuerza en contra de su voluntad".

Los partidarios del método de DVA con frecuencia mencionan el caso de la madre de 85 años de edad del Profesor David Eddy, el autor de la conmovedora historia sobre su "muerte serena" a los seis días de abstenerse de comer y beber y con su médico prescribiéndole "la medicación apropiada para reducir su incomodidad". El activista por el "derecho a morir", Derek Humphry, comentó este caso en su capítulo "Dejarse morir de hambre":

> *David Eddy supervisó el fin de los días de su madre asegurándose de que no le faltaran los parches de morfina necesarios para contrarrestar el dolor por la inanición.*

Los médicos se escuchan los unos a los otros, afortunadamente para la Sra. Eddy.[3] Aunque Humphry usa una expresión cargada como es "matarse de hambre",[4] tiene razón al señalar la falta de información existente sobre los medicamentos cuando el Dr. Eddy asevera que su madre tuvo una "muerte serena" dejando de comer y beber. Lo más probable es que fuera apacible gracias a la morfina.

Cerrando la brecha en la polarización frente a la muerte por voluntad propia

Algunos activistas por el "derecho a morir" prefieren los métodos medicalizados (bajo control médico) y sostienen además que despedirse de la vida ayunando no es una forma digna de morir. Está claro que, sin una información y cuidados adecuados, esta muerte puede ser dolorosa; como lo fue en el caso de Gloria (Intermezzo 2). Sin embargo, quienes abogan por una reforma legal por lo general desconocen casos como el de Betty (Intermezzo 1) quien, gracias a un cuidado paliativo óptimo, pudo morir dignamente en su casa dejando de comer y beber. Es posible que estos activistas le resten importancia a esta alternativa pues, si DVA se llegase a convertir en un camino establecido para una muerte autoadministrada, los políticos no se verían presionados a reformar sus legislaciones nacionales.⁵

Abstenerse deliberadamente de comer y beber requiere una fuerza de voluntad férrea y es algo que los muy ancianos y muy enfermos han hecho desde los tiempos más remotos. Ésta es justamente la salida que puede cerrar la brecha entre los partidarios y opositores a una mayor autonomía en el polarizado debate sobre una muerte libremente elegida. Si bien el médico se mantiene cerca encargándose de poporcionar los cuidados paliativos, es la persona misma la que controla la situación. En cualquier momento puede suspender el proceso simplemente pidiendo agua y cambiar de parecer.

El papel esencial de familiares y amigos es mantener a sus seres queridos lo más cómodos posible. Los parientes a veces consideran que abstenerse de brindar alimento y bebida a sus seres queridos equivale a descuidarlos, así el fatigado paciente ya no quiera seguir comiendo y bebiendo. Deben entender que hay ocasiones en las que amar significa saber dejar ir, y aprender a expresar este amor brindando un meticuloso cuidado bucal.

El Dr Byock, un facultativo especializado en cuidados paliativos, ante la pregunta de un paciente sobre si el acto voluntario de dejar de comer y beber era doloroso, respondió así: No, no sería doloroso. A lo largo de los años, le he preguntado sistemáticamente a las personas que han dejado de comer y beber si tenían hambre y siempre me han dicho que no. El hambre no suele ser un problema para los pacientes que atendemos. En ocasiones, cuando les preguntamos si tienen sed, afirman que sí pero cuando les humedecemos la boca y garganta y volvemos a preguntarles nos dicen que no…. Las personas imaginan que la desnutrición y deshidratación son dolorosas, una forma terrible de morir. No obstante, frente a enfermedades avanzadas como el cáncer, afecciones cardiacas o pulmonares, disfunción renal o sida, la realidad contrasta con la imagen aterradora que se tiene. En mi experiencia, he visto que la malnutrición y deshidratación no incrementan el sufrimiento de las personas con enfermedades terminales.[6]

Lógicamente, DVA no es necesariamente para todo el mundo. Ningún método lo es. No obstante, con los conocimientos que se tienen, DVA puede ser la mejor forma de desprenderse de la vida cuando se presentan estas disyuntivas. En el caso, por ejemplo, de la muerte asistida por medicamentos, aquellos parientes y amigos que no quieren dejar solo a su ser querido, pueden correr el riesgo de violar la ley simplemente por estar presentes.

DVA: ¿muerte natural o suicidio?

El paciente que se niega a recibir radiación o quimioterapia con la intención de morir a las pocas semanas está permitiendo que la naturaleza (v. gr. la enfermedad que padece) siga su curso normal. Otros, a fin de apresurar su propia muerte, rechazan intervenciones que les prolonguen la vida tales como la respiración artificial o la alimentación por sonda. Para ellos, la calidad de vida cuenta más que la cantidad. Muchos médicos consideran que este tipo de muerte anticipada es natural, no un suicidio. La pregunta es si tienen el mismo juicio de valor frente a DVA. La dificultad para dar respuesta a esta pregunta radica en el hecho de que no existe una definición categórica del suicidio, como bien lo afirma un grupo multicéntrico de expertos de la Organización Mundial de la Salud (OMS).[7]

De acuerdo con el filósofo del Derecho Herbert Hart, las definiciones se evalúan por lo general comparándolas con el 'núcleo de certeza' sobre dicho concepto. Lo que quiere decir Hart es que existe una idea intuitiva de lo que cabe claramente dentro de determinada definición y de lo que definitivamente no.[8]

¿Cuál sería el núcleo de certeza sobre el concepto de suicidio? Un suicidio típico es una muerte por ahorcamiento, disparo de arma de fuego o lanzándose desde una altura mortal. Se da de manera inesperada, con frecuencia impulsiva, y siempre solitariamente. En cambio, la muerte de quien se despide de la vida ayunando es una muerte en la que las personas cercanas, parientes, amigos y profesionales de la salud pueden participar entrañablemente; es todo lo contrario de una muerte solitaria. Tampoco es impulsiva puesto que requiere un esfuerzo de voluntad de una semana o más en la que la persona rechaza la ingestión de líquidos de manera sistemática para dar fe de su deseo inequívoco de dejar la vida. Esto sin contar que no se está mutilando el cuerpo; la persona simplemente empieza a sentir más y más sueño y muere en estado de coma.

Aun cuando el médico no esté de acuerdo con la decisión de anticipar la muerte, la decisión de una persona en plena capacidad de obrar de negarse a recibir hidratación y nutrición artificiales debe ser respetada. El médico está obligado a suministrar sus cuidados paliativos así tenga reticencias éticas sobre lo que pueda considerar 'facilitar' la muerte. No existe la más mínima relación de causalidad entre los cuidados paliativos brindados y la ocurrencia de la muerte. En caso de que un médico o una enfermera opongan objeciones al hecho de brindar cuidados bucales con el argumento moral de que el cuidado bucal 'facilita' la muerte por dejar de comer y beber, su deber es asegurarse de que otro colega capacitado se encargue.

Un estudio de campo en Inglaterra sobre las circunstancias bajo las cuales se registra una muerte como suicidio reveló que el núcleo intuitivo sobre este concepto es: "Matarse a sí mismo de forma intencional".[9] Mi investigación sobre la muerte por ayuno en Holanda (1999-2003) da luz sobre cómo se registran estas muertes en los exámenes post mortem. En 93 de las 97 muertes, el post mortem fue realizado por un médico y, a la pregunta en el Certificado de Defunción de si era "muerte natural" o "muerte por causas no naturales", respondieron que había sido una "muerte natural". Sólo en cuatro de estos casos el médico tuvo dudas y llamó a un médico forense. Dos de los consultados opinaron que, efectivamente, era una muerte natural; los otros dos juzgaron que DVA era morir por causas no naturales como el suicidio.[10]

El registro de la muerte voluntaria por ayuno como muerte natural, y no como suicidio, no es una práctica corriente solamente en Holanda. Hasta donde yo sé, en ningún país existen estadísticas sobre la clasificación de este tipo de muerte voluntaria como suicidio a pesar de que es poco probable que el DVA se dé sólo en casos aislados. Un estudio epidemiológico llevado a cabo en Holanda por tres universidades encontró que se dieron 2.000 muertes voluntarias por ayuno en tanto que otro revela que, de unas aproximadas 14.000 muertes anuales en Holanda, 600 son por ayuno voluntario.[11]

Yo he llegado a la conclusión de que la muerte intencional se considera "natural" cuando se da principalmente por el rechazo, con conocimiento de causa, de alimentos y líquidos. La mayoría de los médicos y profanos en la materia aparentemente tienen una idea intuitiva sobre lo que significa DVA que no equivale al concepto de lo que es el "suicidio". Aunque la intencionalidad de la muerte despidiéndose de la vida ayunando se asemeja a la que podría registrarse como suicidio, en todos los demás aspectos no tiene nada que ver con ésta. Hay quienes pueden sostener que, como DVA es una muerte intencional, puede considerarse realmente un suicidio. Lo que no están teniendo en cuenta estas personas son las circunstancias que la rodean: no es solitaria, no es impulsiva y se da tras un sueño profundo, v. gr. en condiciones totalmente ajenas a la soledad y tormento que caracterizan los suicidios registrados en la estadísticas de mortalidad. Estas diferencias se reflejan en la forma opuesta como los parientes se refieren a una "muerte buena" por contraste a una "muerte mala".[12]

Algunos académicos no objetan en principio la denominación de "suicidio" para los casos de DVA pero tratan de evitar esta palabra por razones pragmáticas. Señalan que la idea implícita en el concepto de "suicidio" es que siempre es un acto irracional y que revela una patología subyacente. En Gran Bretaña por ejemplo, la baronesa y filósofa moral Mary Warnock y la oncóloga Elizabeth MacDonald argumentan que cuando se trata de personas con enfermedades incurables, no es apropiado hablar de "suicidio" para referirnos al acto de dejar de comer y beber para despedirse de la vida. Considerando que el "suicidio" implica la falta plena de capacidad de obrar en una persona deprimida, al hablar de "suicidio" en estos casos se podría pretender descalificar la decisión de cada cual de optar por DVA.[13] En su libro sobre cuidados paliativos y opciones de los pacientes, el oncólogo estadounidense Timothy Quill y la especialista en ética Margaret Battin concuerdan con esta apreciación.[14] Prefieren la expresión muerte asistida por un médico al término suicidio con ayuda médica:

... en muchos de los escritos estadounidenses....se equipara [el suicidio] con enfermedad mental y el término sugiere la trágica autodestrucción de una persona que no está actuando con claridad mental ni de manera racional.

... Los pacientes que han elegido esta opción [v. gr. la muerte asistida] no están necesariamente deprimidas sino más bien actuando con instinto de conservación antes de que su vida pierda su sentido existencial por la destrucción física a raíz de una enfermedad y muerte inminente.

Morir dejando de comer y beber: una promesa de futuro modesta

Yo no conozco ninguna capacitación médica en Estados Unidos, Gran Bretaña, España ni Latinoamérica que aborde detenidamente el acto de DVA. La obra Ausweg am Lebensende: "Sterbefasten" ("La muerte rápida"), publicada en Alemania por Reinhardt Verlag, aunque tuvo buena acogida en las publicaciones religiosas y de psicología, ha sido ignorada hasta ahora por las organizaciones de cuidados paliativos alemanas.[15]

En vista de esta conspiración del silencio, no es sorprendente que, las desventajas de DVA a las que hacen referencia el especialista estadounidense en ética Dan Brock[16] y la baronesa inglesa Mary Warnock,[17] sean justamente aquéllas que revelan la condición de paria que sufre la alternativa de DVA dentro de las opciones de fin de vida existentes. Algunos de los reparos que mencionan son:

– puede tardar semanas y agudizar el sufrimiento por hambre y sed;
– puede generar una angustia intolerable a la familia;
– puede conducir a una pérdida de claridad mental hacia el final, lo que suscita dudas sobre si al acto sigue siendo voluntario.

Estos autores parecen no estar al tanto de los descubrimientos hechos por Ganzini y Harvath en sus investigaciones. Brock y Warnock hablan desde su propia falta de conocimientos sobre el proceso de DVA como si fuesen deficiencias del método mismo. Humphry reconoce esto cuando afirma:

Es obvio que el método de DVA como último recurso es una opción promisoria para acceder a una muerte compasiva por voluntad propia. Si sólo los investigadores, profesionales clínicos y profesores universitarios de cuidados paliativos dedicaran la debida atención a esta opción de último recurso.[18]

Dolly: la desmedicalización de muerte-el fin del control de los médicos sobre el proceso de morir

Mi interés en el método de despedirse de la vida ayunando con el objetivo de terminar la vida rodeado por lo seres queridos tiene sus raíces en el debate que comenzó el pedagogo y ensayista mexicano de origen austríaco [1926-2002] Ivan Illich hace casi 50 años sobre "los límites de la medicina".[1] La experta legal Suzanne Ost en su investigación sobre la desmedicalización de la muerte asistida señala que:

Ha habido desarrollos en lo que se refiere a los cuidados al final de la vida que señalan un viraje hacia el abandono gradual de modalidades más medicalizadas de morir. Tanto el movimiento de cuidados paliativos como el movimiento de muerte natural se pueden citar como ejemplos sobresalientes de desmedicalización. Más aún, las campañas por "el derecho a morir" se pueden considerar como intentos por dar una mayor prioridad a la autonomía individual y salir del control médico sobre la muerte.[2]

Ost argumenta que reducir hasta un cierto grado el control médico sobre los cuidados brindados al final de la vida puede abrir una mayor oportunidad a quienes desean tener una buena muerte en casa rodeados de sus seres queridos. Un entorno en el que los parientes no tienen por qué temer acciones judiciales en su contra, hace de la muerte una experiencia más positiva y menos clínica. Ost sugiere, como una opción de futuro, que el método de DVA se convierta en parte integral de los cuidados paliativos que se ofrecen en el Reino Unido en casa y en las unidades de cuidados paliativos.

Aun en Holanda donde la muerte asistida por un médico se ha convertido en una opción legal, sorprendentemente la Real Asociación Médica de Holanda ha virado hacia la desmedicalización o descontinuación de la práctica según la cual la muerte está bajo órdenes medicas. En un documento publicado recientemente en el que fija su posición, dicha asociación sostiene que, si el sufrimiento de un paciente no es por razones clínicas, el médico puede discutir con él la opción de dirigir él mismo su muerte dejando de comer y beber y debe involucrar a la familia en la toma de decisión. Si la persona opta por esta salida, el médico debe suministrar los cuidados paliativos. La muerte se registra como muerte natural. Tras emitir este documento expositivo, se instituyó un Comité de expertos paliativos para delinear una guía, publicada en inglés en 2014, sobre el rechazo deliberado de alimento y líquido para anticipar la muerte.[3]

En los hospitales y unidades de cuidados paliativos, los médicos siguen dominando la comunicación con los pacientes sobre el tiempo que debe durar el sufrimiento a causa de la edad o de una enfermedad. Con frecuencia los oncólogos generan falsas expectativas al sobrevalorar lo que se puede lograr con la quimioterapia y radioterapia. Los especialistas geriátricos con frecuencia minimizan las implicaciones del debilitamiento que ocasionan los achaques de la edad. Una persona de edad que aún siga siendo mentalmente ágil pero que ha perdido la vista, su capacidad auditiva o la movilidad, puede pasar día tras día en la antesala de la muerte incapaz de dar sentido a estos últimos años de su vida en los que su cuerpo se niega a cumplir su deseo de que por fin se termine. Los médicos formados en cuidados paliativos, afortunadamente, tienen una noción más clara de lo que significa calidad de vida. Sin embargo, incluso ellos no siempre se sienten en plena libertad para hablar con sus pacientes sobre la opción de que sea el paciente mismo quien dirija su propia muerte.

Según el especialista en bioética, Tom Beauchamp, los deberes morales anteceden los temas de legalización. Él señaló que en Estados Unidos los desarrollos sobre la muerte asistida por médico "... nos han motivado a enmarcar prácticamente todas las preguntas morales en términos de legalización".[4] Este enfoque jurídico de lo que es un asunto de orden moral nos impide sopesar "la justificación moral de los actos individuales dirigidos a apresurar la muerte". Beauchamp concluye que esto surte un efecto indeseable en la relación de confianza entre un médico y su paciente. El asunto moral clave en la relación entre un médico y su paciente es aquél de la libertad: "La libertad para escoger y la justificación (si la hay) para limitar dicha libertad".

El médico que suministra una información incompleta o desacertada a un paciente sobre el acto de DVA está limitando notablemente la libertad del paciente de escoger. Un individuo en plena capacidad de obrar puede optar por esta salida como la "salida de emergencia" menos mala. Si cuenta con un entorno de personas dedicadas a cuidarlo es posible que puedan convencer a un médico compasivo de que no se actuaría por fuera de la ley si él les fuera a brindar los cuidados paliativos requeridos durante las etapas más complicadas del proceso.

Dolly: una muerte despidiéndose de la vida ayunando tras negarse a más quimioterapia

Dolly, una mujer de 68 años, había experimentado un primer ciclo de radiación y quimioterapia para un cáncer intestinal que había hecho metástasis. Los pasos que llevaron a Dolly a optar por DVA ilustran las posibilidades que ofrece el dejar de comer y beber para apresurar y dirigir uno mismo su muerte. Aunque el médico sigue siendo una figura importante para facilitar la muerte compasiva, su papel ya no es central en el proceso. Despedirse de alimento y bebida es un excelente ejemplo de una salida independiente del control médico y completamente legal.

Una vez Dolly recuperó sus fuerzas tras la radiación y la quimioterapia, le preguntó a su médico:

Si yo rechazo un segundo ciclo de quimioterapia, ¿usted me ayudará a tener una muerte compasiva en mi casa brindándome la información y cuidados paliativos necesarios? Mi oncólogo no cree que me deba negar al tratamiento pues, si sigo con la quimioterapia, tengo un 20% de probabilidades de recuperarme totalmente. Si no recibo un segundo ciclo de quimio o radioterapia, moriré pronto. Más que a morir pronto le temo al malestar, a lo que tendré que padecer tras más sesiones de radiación o quimioterapia; cuyas probabilidades de no detener el cáncer son, de por sí, de un 80%. Yo preferiría tener dos meses más de vida con mis hijos en el estado razonable en el que me encuentro actualmente. Si el cáncer vuelve, yo estaré dispuesta a aceptar el hecho que éste será el fin.

En concordancia con la Ley 41/2002 básica reguladora de la autonomía del paciente del Estado autonómico español y normatividad similar en América Latina, existe un consenso según el cual el médico debe ayudar al paciente con cáncer a llegar a una decisión sobre "la aceptabilidad general de cualquier tratamiento". "La información clínica forma parte de todas las actuaciones asistenciales, será verdadera, se comunicará al paciente de forma comprensible y adecuada a sus necesidades y le ayudará a tomar decisiones de acuerdo con su propia y libre voluntad" (Apéndice 4). El punto de vista de Dolly sobre la calidad de lo que le restaba de vida fue determinante en su decisión de abandonar el tratamiento.

Poco tiempo después, Dolly efectivamente rehusó un segundo ciclo de quimioterapia. Tres meses después su tumor había crecido provocándole un dolor agudo. También sufría de náuseas severas que no estaban reaccionando al tratamiento convencional. Estaba recibiendo un cuidado paliativo óptimo. Fue en esa etapa de su enfermedad cuando le preguntó a su médico cómo podía ella misma asumir la responsabilidad para apresurar su muerte de una forma compasiva.

Su médico sopesó el hecho de que, de acuerdo con la literatura sobre ética médica, él estaba autorizado a, y posiblemente debería, suministrar una información completa sobre todas las opciones legales disponibles. En el caso de Dolly, con una expectativa de vida de máximo unos pocos meses, informarle sobre la opción de apresurar su muerte por la vía de dejar de comer y beber como último recurso es conforme a la ley. El médico descartó la idea de que se encomendara a Dolly a un equipo de cuidados paliativos externo. Así que, con algunas reservas, decidió seguir adelante y suministrar la información sobre cómo hacer para que el proceso de DVA fuese cómodo, aunque también advirtió de que las cosas se podrían poner bastante difíciles después de unos días. Hizo énfasis en el hecho de que, en caso de que fuese muy difícil, Dolly podía tomar un poco de agua y posiblemente recapacitar si deseaba realmente retomar el proceso. Dar un paso hacia atrás es en ocasiones una estrategia sensata.

Dolly regresó al consultorio del médico con sus hijos. Le comentó que había decidido seguir sus consejos de informarse sobre esta opción. La había discutido detenidamente con sus hijos, quienes finalmente habían decidido apoyar su decisión y se mostraron dispuestos a cuidarla. Dolly le entregó al médico unas instrucciones previas escritas en las que se negaba anticipadamente a recibir nutrición e hidratación artificiales una vez dejase de comer y beber para agilizar su muerte:

En vista de la rápida degradación de mi calidad de vida, he decidido apresurar mi muerte dejando de comer y beber la semana entrante. Mis hijos me cuidarán en casa. Espero con gran anhelo que usted esté dispuesto a proporcionarme los cuidados paliativos.

Los hijos se encargaron de los ingredientes apropiados para un buen cuidado bucal. Se hizo venir a una enfermera especializada en cuidados paliativos que acudió con un colchón especial para prevenir las escaras mientras que el médico preparó una formula de *temazepam* y un sedante no muy fuerte.

A estas alturas, otro médico podría posiblemente expresar una objeción fundamental a prestar su cooperación ante el hecho de que Dolly se estaba embarcando en un proceso que apresuraría su muerte.

El día antes de que Dolly iniciara el proceso, el médico quiso dejar explícitamente claro cuáles eran sus fronteras morales. A fin de evitar malentendidos, le precisó que no la sedaría (v. gr. no daría medicamentos para llevarla a un sueño intermitente o profundo) sin antes consultar con un colega experimentado en cuidados paliativos. Le comentó que sólo induciría una sedación temporal en caso de que tuviera accesos persistentes de vómito o cayera en un estado de delirio que no se pudiese superar con medicamentos antipsicóticos. Dolly agradeció su franqueza y le preguntó cómo lo podían contactar sus hijos en caso de que ocurriese algo inesperado.

El proceso de muerte de Dolly se asemeja al descrito de Betty (Intermezzo 1). Con la ayuda de tres voluntarios que la acompañaban por las noches, los hijos se turnaron para quedarse con su madre. En el octavo día estaba agitada y desorientada así que la enfermera llamó al médico que le aconsejó una inyección de 25 mg de *nozinan* que se le debía volver a aplicar esa noche. Al día siguiente estaba nuevamente lúcida. Betty murió en el duodécimo día en presencia de uno de sus hijos.

Información para médicos y personal de enfermería

Los profanos en la materia pueden considerar que este capítulo es demasiado técnico y les lleva mucho tiempo leerlo. Por esta razón he resumido, aparte en cuadros de texto, los hallazgos más relevantes de cada sección.

Los cambios metabólicos durante un ayuno estricto

El cuerpo durante un ayuno estricto produce sustancias (cetonas, endorfinas) que pueden tener un efecto analgésico o elevador del estado de ánimo. Tras un cierto tiempo, los riñones ya no pueden excretar la urea. El aumento de urea en la sangre genera un estado de somnolencia. Los cambios metabólicos varían de un individuo a otro, por lo que los informes sobre lo que se experimenta difieren notablemente.

El curso de los acontecimientos que conducen a la muerte voluntaria mediante el rechazo de alimento y líquido no ha sido investigado como tal. Yo me he visto obligado a deducir los aspectos fisiopatolgicos y bioquímicos subyacentes al proceso de DVA a partir de investigaciones sobre otras circunstancias.

Existen muchas investigaciones sobre los aspectos metabólicos consecuentes al ayuno clínico de largo plazo en la terapia contra la obesidad. También se han hecho estudios sobre el ayuno estricto por motivos religiosos o razones políticas. Los sucesos aquí descritos se derivan de las investigaciones llevadas a cabo sobre estos tres grupos, pero más particularmente de los casos de ayuno como terapia contra la obesidad; terapia que *no* restringe la ingestión de líquidos.[1]

La sensación de hambre desaparece después de algunos días de dejar de comer, siempre y cuando el ayuno se lleve a cabo de manera estricta. Esto no se aplica cuando se consumen ocasionalmente carbohidratos. Todo consumo de glucosa, por pequeño que sea, como por ejemplo en refrescos, altera el curso de los acontecimientos.

Tras ayunar unos pocos días (el tiempo que tardan los efectos depende de cada persona), el cuerpo comienza a producir sus propias endorfinas, sustancias con efectos semejantes a los de la morfina sobre el estado de ánimo. Éste es el trasfondo fisiológico de la experiencia en círculos religiosos, según la cual un ayuno estricto induce una sensación de bienestar y euforia. En principio la lucidez no se verá afectada, a no ser que se presenten ataques febriles o se administren sedantes.

Bajo circunstancias normales el cuerpo obtiene su energía de la combustión de carbohidratos, particularmente de la glucosa. Cuando una persona está ayunando, su metabolismo pasa de quemar carbohidratos a quemar grasas después de entre 24 y 72 horas. Durante el proceso de combustión de grasas, que comienza a los pocos días, el cuerpo produce cetonas (los residuos de la descomposición de los ácidos grasos), que se cree tienen un efecto analgésico. Esto ha sido revelado por experimentos con animales en los cuales se observó un umbral superior de tolerancia al dolor en presencia de dichas sustancias.[2] Tras un periodo (que puede variar desde unos pocos días hasta una semana), la combustión pasa cada vez más de la quema de glucosa a la quema de los ácidos grasos libres de los depósitos de grasa, y a los aminoácidos en el hígado.

Cuando no hay ingestión de líquidos, la producción de orina se reduce a un mínimo, la defecación cesa del todo y la secreción de mucosa en las vías respiratorias se ve reducida. Esto con frecuencia es un alivio para el moribundo puesto que ya no tiene las fuerzas necesarias para los actos físicos más elementales tales como toser o evacuar.

Con el tiempo, las proteínas corporales también se descompondrán, comenzando por las proteínas en los músculos, lo que agudiza el debilitamiento. La desintegración de las proteínas conlleva una mayor producción de urea; urea que no puede ser excretada por los riñones si no se está ingiriendo líquidos. Esto genera un marcado incremento en los niveles de urea en la sangre, lo que, a su vez, produce una agradable somnolencia. La persona que encuentre esta somnolencia desagradable o molesta y desee mantener periodos de lucidez para conversar con sus seres queridos puede tratar de mantenerse alerta bebiendo un poco de agua. Esto permite a los riñones trasladar la urea desde la sangre hacia la orina. La menor concentración de urea en la sangre puede disminuir la somnolencia. Esto efectivamente prolonga el proceso de fallecimiento, pero algunas personas prefieren tener momentos de lucidez hasta justo antes de morir.

Ahora bien, cuando se mantiene la abstinencia de líquidos, el flujo de iones de potasio a través de las membranas de las células cardíacas genera una arritmia (fibrilación ventricular) que ocasiona una muerte instantánea. Para entonces, la persona ya está en un coma profundo.

La experiencia de una ingestión limitada de líquido con un cuidado bucal adecuado

---

- Existe evidencia experimental sobre el hecho de que las personas mayores sufren menos sed que las personas más jóvenes.
- Existe evidencia empírica de que los pacientes que fallecieron por ayuno voluntario estando en unidades de cuidados paliativos tuvieron una muerte buena, según informó el personal de enfermería.
- Aproximadamente un 13% de los pacientes de una unidad de cuidados paliativos que optaron por morir mediante ayuno retomaron la ingesta de líquidos, con frecuencia por incitación de sus parientes.

Disponemos de muy poca información de la investigación sobre el curso clínico de los acontecimientos en aquellos casos en los que se reduce drásticamente la ingesta de líquidos. Yo no he encontrado sino un solo estudio experimental sobre deshidratación clínica. Éste fue llevado a cabo con hombres que no se encontraban enfermos. Un grupo de hombres sanos mayores (de aproximadamente 70 años) fue comparado en términos de variables subjetivas y fisiológicas con un grupo de hombres sanos jóvenes (entre 20 y 30 años). Aunque ambos grupos se abstuvieron de ingerir alimento y líquido en condiciones de laboratorio. En promedio, los hombres mayores manifestaron sentir menos sed y, después de 24 horas, tenían menos ansias de beber para revertir el déficit de fluidos. Este estudio promovió, de la teoría al hecho, la evidencia anecdótica de que las personas mayores tienen un mayor umbral de tolerancia a la sed.[3]

Un médico estadounidense, Stanley Terman (65 años), ha descrito un experimento que practicó sobre sí mismo en el cual no se alimentó durante 96 horas y sólo ingirió menos de 40 ml de agua al día durante el mismo periodo. Él ya había examinado en detalle las diversas opciones para el cuidado bucal, y las probó todas en el transcurso de su experimento para ver cuál era la que más le cuadraba. Ocasionalmente se suministró un supositorio analgésico (diclofenaco) "para contrarrestar el dolor moderado". En una escala de 0 (sin hambre) a 10 (hambre extrema), él nunca dio una puntuación superior a 2. En una escala semejante para la sensación de sed, su puntuación más alta fue de 5 "cuando me pareció bastante incomodo". El uso de varios productos para el cuidado bucal le permitió mantener su abstinencia de líquidos: "El rechazo de alimento y bebida es realmente apacible [...] en parte debido al estado de leve lasitud mental que sobreviene a los pocos días".[4]

¿Cómo ven las enfermeras de las unidades de cuidados paliativos que han tenido a su cuidado enfermos terminales el proceso de fallecimiento en estos casos? Ganzini envió un cuestionario a todo el personal de enfermería en unidades de cuidados paliativos (429 personas) del estado de Oregón solicitando información sobre su experiencia más reciente con pacientes bajo su cuidado que a conciencia rechazaron alimento y bebida y con los cuales hubiesen tratado esta decisión.[5] Con una ausencia de respuesta de un 33%, se obtuvo información sobre 126 casos a partir de 307 enfermeras; casos que, además, cumplieron con la definición de rechazar alimento y bebida para acelerar la muerte como sigue:

> El rechazo voluntario de alimento y líquido (RVAL) describe una acción por parte del paciente que, de manera voluntaria y deliberada, cesa toda ingestión con la intención inequívoca de acelerar su fallecimiento. Esto no incluye aquellos casos en los que se deja de comer y beber con otros fines tales como la pérdida de peso o la incapacidad de alimentarse y beber a causa de enfermedad.

De estos 126 pacientes, todos los cuales se encontraban en unidades especializadas, 102 murieron como resultado del ayuno y por deshidratación; el restante 13% abandonó, con frecuencia a instigación de sus parientes.[6]

Las razones de los pacientes para decidir morir a través del rechazo voluntario de alimento y líquido (tal como lo recuerda el personal de enfermería) se compararon con aquellas de los pacientes en Oregón que recibieron asistencia médica en su fallecimiento. No se observaron diferencias significativas en las respuestas de los dos grupos. Con una única excepción: según la percepción de las enfermeras, el deseo de ejercer control sobre su propia muerte sería mayor en los casos de muerte médicamente asistida que entre los pacientes que optaron por dejar de comer y beber.

El personal de enfermería de las unidades de cuidados especializados calificó la calidad de la muerte con una puntuación media de 8 en una escala de 0 (muy mala) a 9 (muy buena). No se ha llevado a cabo ninguna investigación sobre el 33% que no respondió. Es, por lo tanto, posible que las respuestas provengan predominantemente de aquel personal de enfermería que puedo reportar experiencias positivas. Este estudio no informó sobre la medicación paliativa que pudo haber afectado la calificación sobre la calidad de la muerte por parte del personal. La calificación positiva sobre la calidad del fallecimiento puede estar referida a aquellos pacientes que estuvieron fuertemente sedados en la fase final del proceso de DVA.

Los pacientes que abandonaron espontáneamente la ingestión de alimento y líquido

En casi todos los casos de aquellos pacientes de cáncer recluidos en centros de cuidado paliativos que disminuyeron espontánea y gradualmente su ingestión de alimento y líquido, se pudo garantizar su comodidad brindándoles una pequeña cantidad de líquido como el contenido en medio cubito de hielo triturado (5 ml) o humedeciéndoles los labios y la lengua con tres pulverizaciones (en total, menos de 2 ml) mediante un vaporizador. La opinión de algunos profesionales clínicos de que la sensación de sed está ante todo determinada por una concentración anormal de sodio en la sangre no ha sido confirmada por la investigación clínica sobre pacientes terminales. La evidencia disponible sugiere que la sensación de sed en los enfermos graves y personas mayores que han dejado de comer y beber se debe principalmente a la deshidratación de la mucosa bucal.

Se han reportado dos estudios prospectivos sobre pacientes de cáncer atendidos en centros de cuidados paliativos y que, espontáneamente, disminuyeron su ingesta de alimento y líquido en el transcurso de semanas o meses. Hacia el final, ya habían cesado casi totalmente su consumo de alimentos y líquidos. Los pacientes pertenecientes a estos dos estudios no dejaron de comer y beber con la expresa intención de apresurar su muerte. Obviamente, difieren de los casos tratados en este libro. No obstante, me parece útil mencionar el estudio meticuloso llevado a cabo por McCann que revela que la suspensión de líquido puede ser compatible con un estado de bienestar del paciente de cáncer en los últimos días o meses de su vida, siempre y cuando reciba el mejor cuidado bucal posible.[7]

McCann recopiló una serie de observaciones sobre 32 pacientes de cáncer para los cuales ya se habían agotado todas las opciones de tratamiento y cuya esperanza de vida era de menos de tres meses. Sólo aquellos pacientes recluidos en la institución que aún estaban lúcidos hasta poco antes de fallecer pudieron participar en este estudio puesto que tenían que ser capaces de responder varias veces al día a preguntas sobre la sensación de hambre y sed. La edad promedio de los pacientes era de 75 años (con un rango de 44 a 92) y el tiempo promedio de permanencia en el hogar era de 40 días (en un rango de 4 a 99 días). Se retiraron todas las restricciones alimentarias y cada uno de los pacientes pudo escoger lo que quería comer, sin estar obligado a consumirlo. Se brindó la máxima atención posible al cuidado bucal y suministro de analgésicos, aunque se hizo lo posible para evitar los estados de somnolencia. Lo que reveló el estudio es que 20 de estos 32 pacientes nunca sintieron hambre mientras que 11 de ellos sólo sintieron hambre al comienzo. Entretanto, 20 de los 32 pacientes sólo experimentaron sensación de sed al comienzo del proceso. En todos los casos, la sensación de hambre, sed o sequedad bucal se pudo aliviar con una pequeña cantidad de líquido, como medio cubito de hielo triturado o sencillamente remojando los labios y lengua del paciente. En aproximadamente una tercera parte de los casos, los pacientes manifestaron una sensación recurrente de sed, pero ésta también se pudo aliviar sistemáticamente a través del cuidado bucal. Se calculó una puntuación de "confort general". Cuatro de los treinta y dos pacientes manifestaron 'un cierto grado de incomodidad' durante una parte de la duración del proceso. En los demás casos, gracias a los cuidados intensivos por parte del equipo tratante, la sensación de bienestar perduró durante prácticamente todo el proceso. Estos hallazgos fueron confirmados por otro estudio prospectivo posterior sobre un grupo similar de pacientes.[8]

Sorprendentemente, casi no existe investigación sobre el factor o factores que pueden determinar las sensaciones de sed en los pacientes gravemente enfermos. Los estudios anteriormente mencionados se refieren a pacientes de cáncer para los cuales dejar de comer es algo normal y cuya ingestión de líquido se ve con frecuencia disminuida de 1.5 litros diarios a menos de 0.5 litros. Algunos médicos consideran que el exceso o insuficiencia de sodio en la sangre ocasionan una sensación de sed[9] por oposición al estado de deshidratación, en el cual el nivel de sodio en la sangre no es ni muy alto ni muy bajo y la sensación de sed es simplemente fruto de la deshidratación de la mucosa bucal. No obstante, los análisis de sangre efectuados en centros de cuidados paliativos a pacientes con deshidratación terminal han mostrado que, aun en aquellos casos con unos niveles de sodio atípicamente bajos, los pacientes no necesariamente tienen sed, siempre y cuando reciban un cuidado bucal óptimo.[10] Es posible, aunque no ha sido confirmado, que en el caso de la disminución de la sensación de sed en pacientes terminales, entren en juego una serie de factores relacionados con los procesos patológicos subyacentes.

Finalmente, considero necesario mencionar que se han llevado a cabo estudios sobre la posibilidad de incrementar el bienestar de los pacientes terminales mediante hidratación artificial. La conclusión que prevalece en la literatura es que éste no es por lo general el caso.

Algunos datos provenientes de la investigación

Han sido muchos los estudios publicados sobre casos individuales de personas que murieron dejando de comer y beber por voluta propia,[1] mientras que solamente existen tres estudios que versan sobre casos de un gran número de personas que se despiden de la vida ayunando. Ganzini envió un cuestionario a hogares especializados en Oregón y recopiló información sobre 102 casos.[2] En una investigación llevada a cabo a nivel nacional sobre la población holandesa, los parientes y amigos de los difuntos reportaron 97 casos de personas que se despidieron de la vida ayunando.[3] En un estudio posterior, los médicos de cabecera informaron de 101 casos.[4]

Se revela una gran disparidad entre las estimaciones sobre la frecuencia con la que ocurre este tipo de muerte voluntaria (DVA) en los Países Bajos, entre lo reportado por el estudio de Chabot y el de Van der Heide: respectivamente 1.7% y 0.4% de todas las muertes anuales (unas 140.000). Esto no es sorprendente puesto que sus informantes no son los mismos; en un caso son parientes y amigos y en el otro, médicos.

Tabla 1. Resumen de las características de los pacientes que fallecieron al DVA reportadas por Ganzini (2003), Chabot (2009) y Van der Heide (2012 b)

	Ganzini 2003	Chabot 2009	Van der Heide 2012 b
Encuestados/ Entrevistados	Enfermeras de instituciones especializadas	Parientes o amigos	Médicos de cabecera
Numero de encuestados/entrevistados	102	97	101
Mujeres (%)	54%	60%	Se desconoce
Edad	74 en promedio	Superior a 60: 80%	Superior a 65: 94%
Viudos/as o solteros/as	48%	70%	Se desconoce
Diagnóstico principal	Cáncer: 60%	Cáncer: 40%	*Cáncer: 27%
Otro diagnóstico	Otra enfermedad: 39%	Otra enfermedad: 32% Enfermedad sin gravedad: 28%	Otra categoría: 60% Enfermedad sin gravedad: 24%

* Se podía informar de más de una categoría.

En el estudio de Ganzini, el 85% de los pacientes institucionalizados murieron en un lapso de 15 días. En una escala de 0 a 10, el personal de enfermería calificó la muerte de los pacientes con una puntuación media de 8. En más del 90% de los 102 casos, las enfermeras evaluaron el proceso de fallecimiento como bueno y un 8% lo calificó de malo. En estos últimos, los pacientes tuvieron unas puntuaciones de dolor y sufrimiento notablemente altos.

En el estudio de Chabot, 70 de los 90 pacientes fallecieron en un lapso de 16 días (Tabla 2); 27 no presentaban enfermedades graves pero estaban sufriendo las dolencias de la vejez, tales como ceguera, sordera, movilidad restringida y deterioro en el habla y la memoria. Los casos de Betty (Intermezzo 1) y Robert (Intermezzo 3) se incluyen en esta categoría. Un 50% de los casos tratados en este estudio murieron en sus casas, el otro 50% en instituciones especializadas, v. gr. hogares geriátricos. De tal forma, las dolencias de los pacientes analizados por Chabot difieren de las de los pacientes estudiados por Ganzini, que murieron en unidades de cuidados paliativos.

¿Cuánto tarda la muerte?

Tabla 2. Periodo de tiempo transcurrido desde el inicio del rechazo de líquido hasta el momento de la muerte, subdividido según la gravedad de la enfermedad para el total de las 97 muertes por ayuno voluntario reportadas por los parientes, enfermeras y otros.

Lapso de tiempo	Enfermedad mortal	Enfermedad grave*	Ninguna enfermedad mortal o grave
7 - 9	10	9	5
10 - 12	10	7	4
13 - 15	8	4	10
16 - 18	3	0	1
19 - 30	8	4	3
31 - 60	0	6	2
Más de 60	0	1	2
TOTAL (97 casos)	39	31	27

* v. gr. diagnóstico de ELA (enfermedad degenerativa del sistema nervioso central), esclerosis múltiple, SIDA, EPOC (enfermedad pulmonar obstructiva crónica), enfermedad cardiovascular, accidente cerebrovascular.

En el estudio de Chabot, aparte de estos 97 casos de la Tabla 2, otros 40 informantes reportaron que la precipitación de la muerte había ocurrido a los 7 días de cesar la ingesta de líquido. El Dr. Chabot no incluyó estos 40 casos entre los reportados en la tabla pues, si una persona muere a lo 7 días de dejar de ingerir líquido, lo más probable es que la muerte se haya apresurado ante todo a causa de una enfermedad.

La Tabla 2 muestra que algunas personas aparentemente murieron en un corto lapso de 7 a 9 días tras dejar totalmente de ingerir líquido. La mayoría (un 70%) murió en un lapso de 16 días y sus parientes informaron que su familiar no había bebido líquido alguno pero que se había utilizado un vaporizador o hielo triturado para humedecer su boca. Otro 20% había fallecido en un lapso de 16 a 30 días. Estos pacientes habían dejado de comer de un día a otro, pero habían reducido su consumo de líquido de forma gradual hasta llegar a un consumo prácticamente nulo (menos de 50 ml.) El restante 10% de los pacientes había cesado su ingesta de alimento e, inicialmente, continuaron consumiendo líquidos por un tiempo y sólo restringieron la ingesta de líquido en el transcurso del segundo o tercer mes.

¿Una muerte buena o mala?

Aproximadamente el 90% del personal de enfermería del estudio de Ganzini calificó la muerte de "buena" y un 8% la calificó de "mala". En el estudio de Chabot, 74% de los informantes que estuvieron presentes en el proceso consideraron que se trataba de "una muerte digna", 17% respondieron que no era "digna" y 8% respondió "se desconoce". La mitad de las muertes se dieron en casa, no en instituciones. Aunque DVA en casa puede ser una muerte igualmente digna, aparentemente, los cuidados paliativos que se pueden brindar en casa no siempre son tan buenos como los proporcionados en una institución especializada.

Los hallazgos que señalan la calidad de la muerte de quienes se despiden de la vida ayunando contrastan notablemente con la opinión negativa que mantienen algunas personas sobre el acto deliberado de apresurar la muerte dejando de comer y beber. Es interesante notar que, contrariamente a lo que se podría pensar, una parte significativa (27) de las personas mayores que optaron por DVA no sufría de enfermedad grave o cáncer.

Notes

Capítulo 1
1. Battin,1994
2. Kellehear, 2007
3. Seale, 2004
4. Humphry, 2020 ; Nitschke, 2006
5. Syme, 2008
6. Quill, 2004

Capítulo 2
1. Warnock, 2008
2. Chabot, 2009
3. Quill, 2004; Byock, 2013
4. Chabot, 2009
5. Harvath, 2006
6. Chabot, 1996
7. Billings, 1985; Printz, 1992; Mc Cann, 1994
8. Bilimoria Puroshottama, 1992
9. Madan, 1992; Justice, 1995
10. Ganzini, 2003
11. www.ocgm.es (consultado 15 de dicembre 2016)
12. Griffiths, 2008 ; Lewis, 2008
13. Sullivan, 1998

Intermezzo 2
1. Norwood, 2009

Capítulo 3
1. Ganzini, 2003
2. Terman, 2006; Pope, 2015

Capítulo 4
1. KNMG, 2014
2. Chabot, 2009

Capítulo 5
1. Printz, 1992; Bernat, 1993; Eddy, 1994; Quill, 1997
2. Van Hoof, 1990
3. Eddy, 1994; Humphry, 2002
4. Ahronheim, 1990

5. Richards, 2012
6. Byock, 1997
7. Leo, 2006
8. Hart, 1961
9. Maxwell Atkinson, 1978
10. Chabot, 2007
11. Chabot, 2009; Van der Heide, 2012
12. Seale, 2004
13. Warnock, 2008
14. Quill and Battin, 2004
15. Chabot and Walther, 2012
16. Brock, 2004
17. Warnock, 2008
18. Humphry, 2002

Intermezzo 4
1. Illich, 1975; Fouccault, 1980; Szász, 2007
2. Ost, 2010
3. KNMG, 2011 (inglés); KNMG, 2014 (hoandés)
4. Beauchamp, 2004

Capítulo 6
1. Kerndt, 1982
2. Owen, 1983; Hamm, 1985
3. Phillips, 1984
4. Ternan, 2006
5. Ganzini, 2003
6. Harvath, 2006
7. McCann, 1994
8. Vullo-Navich, 1998
9. Billings, 1985
10. Vullo-Navich, op.cit.

Capítulo 7
1. Eddy, 1994; Quill, 2000; Berry, 2009; Pope, 2015
2. Ganzini, 2003
3. op. cit. Chabot 2007
4. Van der Heide, 2012 b

Glosario de los medicamentos mencionados en este libro*

Todos los medicamentos tienen un nombre genérico y con frecuencia uno o varios nombres comerciales. Estos varían de un país a otro. Los nombres de las marcas pueden cambiar con el tiempo; determinado nombre puede desaparecer o puede aparecer uno nuevo. Aquí presentamos entre paréntesis algunas de las denominaciones comerciales (marcas) de los medicamentos mencionados en este libro.

Medicamentos para disminuir la ansiedad y somníferos (benzodiazepinas)
clonazepam
diazepam (v. gr. Valium, Q-pam, Valcaps, Vazepam, Dialar, Stesolid)
lorazepam (v. gr. Alzapam, Ativan, Loraz)
midazolam (v. gr. Versed, Hypnovel)
oxazepam (v. gr. Serax, Oxpam or Zaxopam)
temazepam (v. gr. Normison, Restoril, Somaz, Temaze, Euhypnos)

En caso de delirio
haloperidol (Haldol, también utilizado contra el vómito)
levomepromazina (Nozinan, también utilizado contra el vómito)

Desinfectante utilizado en el cuidado bucal
chlorhexidine (v. gr. Endosgel, Hibiscrub, Hibisol, Sterilon y otras denominanciones)

Laxante
Bisacodilo (Dulcolax)

Opiáceos analgésicos
morfina (v. gr. Avinz CR, Embeda, Kadian, M-Eslon CR, MSContin CR, MSir, MST Continus, MXL, Oramorph, PMS-Morpha, Roxanol, Sevredol, Statex)
fentanilo en parches transdérmicos (v. gr. Duragesic, Actiq, Sublimaze, Matrifen)
oxicodona (v. gr. Oxycontin CR, Oxy-IR, Oxynorm)

Analgésicos no opiáceos
ácido acetilsalicílico (Aspirina, Aspro)
buprenorfina parche transdérmico (Transtec)
diclofenaco (Arthrotec)
ibuprofeno (Adfil, Brufen y otros)
paracetamol/cafeína (v. gr. Finimal, Panadol y otros)
paracetamol/codeína

En caso de naúseas y vómito
Metoclopramida (Primperan, Reglan, Maxolon)
Domperidona (Motilium)

*Referencias clave en negrita.

Documento de instrucciones previas para el médico, unidad de cuidados paliativos, hogar geriátrico u hospital ("Rechazo del tratamiento y de cualquier hospitalización y deseo de Despedirse de la Vida Ayunando (DVA) [Carta modelo y modelo para grabación]

Yo, _____ nacido/a el _____ de 19___,

mayor de edad, con Documento de Identidad: ___ DNI ___ PASAPORTE ___

NIE Nº: _____ con domicilio en _____,

Localidad _____, CP _____, Provincia _____.

Con plena capacidad de obrar, actuando libremente y tras una adecuada reflexión, formulo de forma documental las INSTRUCCIONES PREVIAS que se describen más abajo, para que se tengan en cuenta en el momento en que, por mi estado físico o psíquico, esté imposibilitado para expresar mis decisiones de forma personal sobre mi atención médica.

No deseo para mí una vida dependiente en la que necesite la ayuda de otras personas para realizar las "actividades básicas de la vida diaria", (vestirme, usar el servicio, comer...) y en la que mi dolor /sufrimiento/ miseria / discapacidad llegue a un nivel de padecimiento intolerable. Soy consciente de que puede haber alternativas para tratar mi condición, incluso con medicamentos. No obstante, rechazo estas alternativas y, en su lugar, opto por que, si llego a una situación en la que no sea capaz de expresarme personalmente sobre los cuidados y el tratamiento de mi salud a consecuencia de un padecimiento que me haga dependiente de los demás de forma irreversible, es mi voluntad vital clara e inequívoca no vivir en esas circunstancias y que se me permita morir con dignidad, de acuerdo con las siguientes instrucciones previas:

1. **Despedirse de la vida ayunando (DVA) es la muerte natural por la que opto.** He escogido aligerar mi proceso de fallecimiento dejando de comer y beber.
2. **Rechazo todo tratamiento que contribuya a prolongar mi vida:** técnicas de soporte vital, fluidos intravenosos, fármacos (incluidos los antibióticos), hidratación o alimentación artificial, por sonda nasogástrica o gastrostomía, solicitando una limitación del esfuerzo terapéutico que sea respetuosa con mi voluntad.
3. **Solicito unos cuidados paliativos adecuados al final de la vida:** que se me administren los fármacos que alivien mi sufrimiento y aquellos cuidados que me ayuden a morir en paz, incluso, si es necesario y aunque pueda acortar mi vida, la sedación paliativa.

4. **Reivindico el derecho a morir con dignidad:** es mi voluntad morir de forma anticipada e indolora, de conformidad con la regulación que se establezca a tal efecto.
5. **Objeción de conciencia:** si algún profesional responsable de mi asistencia se declarase objetor de conciencia con respecto a alguna de estas voluntades solicito que sea sustituido por otro profesional, garantizando así mi derecho a que se respete mi voluntad.

FIRMA Y DELARACIÓN DEL OTORGANTE

DECLARO que mi representante legal – designado previamente para que tenga un poder legal duradero en lo relativo a mis asuntos de salud – ha recibido instrucciones claras para, en mi nombre, haga respetar mi voluntad como aquí manifestada. **Mi representante también tiene órdenes estrictas de no permitir mi hospitalización bajo ninguna circunstancia.**

DECLARO que las personas que firman como testigos en primer y segundo lugar no tienen relación de parentesco en primer ni en segundo grado ni ningún vínculo patrimonial u obligacional con el otorgante de las instrucciones previas.

Nombre _____

Fecha _____

En ciudad _____

Firma _____

DECLARACIÓN DE LOS TESTIGOS (2 O 3):

$Yo,$ (nombre y apellidos) _____ mayor de edad y con plena capacidad declaro que _____ , el otorgante de este documento, es capaz, actúa libremente y ha firmado el documento en mi presencia.

Nombre _____

Documento de identidad_____

Domicilio _____

Fecha _____

Firma _____

*Formato parcialmente tomado de http://www.eutanasia.ws/

Poder de representación para la atención médica y la toma de decisiones médicas
[modelo]

Yo, _____ nacido/a el _____ de 19___,

mayor de edad, con Documento de Identidad: ___ DNI ___ PASAPORTE ___

NIE N°: _____ con domicilio en _____,

Localidad _____, CP _____, Provincia _____.

con plena capacidad de obrar, actuando libremente otorgo poder especial y amplio a

____ (nombre)_____ nacido/a el _____ de 19___,

mayor de edad, con Documento de Identidad: ___ DNI ___ PASAPORTE ___

NIE N°: _____ con domicilio en _____,

Localidad _____, CP _____, Provincia _____.

con la finalidad que, en mi nombre y representación, tome la decisiones pertinentes sobre mi atención médica de acuerdo con mis Instrucciones Previas para el médico, hogar u hospital sobre mi "Rechazo el tratamiento y cualquier hospitalización y deseo de Despedirme de la Vida Ayunando (DVA)" formuladas para que se tengan en cuenta en el momento en que, por mi estado físico o psíquico, esté imposibilitado para expresar mis decisiones de forma personal sobre mi atención médica.

Dejo constancia que asumo plenamente la responsabilidad derivada del despacho indicado.

Nombre _____

Fecha _____

En ciudad _____

Firma _____

Unos ejemplos de la legislación vigente en España, Colombia, Argentina y México.

En España, la Ley 41/2002 básica reguladora de la autonomía del paciente cobija el derecho de los pacientes a decidir libremente si autorizan o deniegan el procedimiento propuesto. El paciente debe dar su consentimiento informado escrito para que se le practique un determinado tratamiento médico. De igual manera, puede rechazar dicho tratamiento aun a riesgo de su vida. (13)

En Colombia, la Ley 1733 del 2014 (8 de septiembre) reglamenta el derecho de las personas a desistir de manera voluntaria y anticipada de tratamientos médicos innecesarios que no cumplan con los principios de proporcionalidad terapéutica y no representen una vida digna, específicamente en casos en que haya diagnóstico de una enfermedad en estado terminal crónica, degenerativa e irreversible de alto impacto en la calidad de vida.

En Argentina, la Ley nacional 17.132 de 1967 del ejercicio de la medicina, en su artículo 19, dice "los profesionales que ejerzan la medicina están, sin perjuicio de lo que establezcan las demás disposiciones legales vigentes, obligados a: Inciso 3° Respetar la voluntad del paciente en cuanto a negativa a tratarse o internarse, salvo los casos de inconsciencia, alienación mental, lesionados graves por causas de accidentes, tentativa de suicidio o de delitos".

En México, la Ley General de Salud de 1984 establece que los pacientes enfermos en situación terminal tienen el derecho a dar su consentimiento informado por escrito para la aplicación o no de tratamientos, medicamentos y cuidados paliativos adecuados a su enfermedad, necesidades y calidad de vida; a renunciar, abandonar o negarse en cualquier momento a recibir o continuar el tratamiento que considere extraordinario; a designar a algún familiar, representante legal o a una persona de su confianza para el caso de que, con el avance de la enfermedad, esté impedido a expresar su voluntad, lo haga en su representación.

Glosario